交通事故低減のための
自動車の追突防止支援技術

博士(工学) 伊藤　　誠 編著
博士(工学) 丸茂　喜高

博士(情報学) 平岡　敏洋
博士(工学) 和田　隆広 共著
Ph.D. 安部　原也
博士(工学) 北島　　創

コロナ社

まえがき

　日本の社会においては，若者のクルマ離れなどということがいわれるようになって久しい．少子高齢化，人口減少なども相まって，全体としての交通量が減少していくということはあるかもしれない．けれども，人は移動せずにはいられないものであるし，モノを移動させずにもいられない．通勤，買い物，レジャー，物流など，さまざまな意味において，陸上を縦横無尽に高速移動できる乗り物がすたれていくとは考えられない．このような状況において，自動車がもたらす事故をできるだけ減らしたい，叶(かな)うことなら事故をゼロにしたいというのが，技術者の願いであるといえよう．

　自動車は，本質的に，前に進む．したがって，自動車が引き起こす事故は，前方にある障害物（これは自動車かもしれないし，歩行者・自転車かもしれない，場合によっては，ガードレールなどの工作物や建築物かもしれない）にぶつかっていくものが多い．その代表的なものが，前方車両への追突であり，実際に追突事故は件数も多い．ほかの事故形態を無視してよいわけではないが，道路交通安全の向上のための第一着手としては，どうしても追突事故に注目せざるをえない．

　こうした状況を背景として，追突回避に関する技術開発は先行的に行われてきて，商品化も進められてきた．前方にいる自動車への追突を回避するという技術的課題が，歩行者を回避するなどというほかの課題と比べて，技術開発が比較的容易であったという点も否めないであろう．このような表現をしてしまうと，著者らがいわゆる「技術中心の自動化」を礼賛，少なくとも承認しているように読者には見えてしまうかもしれない．確かに，こと自動車という市場

型の製品は，売れるものでなければならない．ここまでモータリゼーションの進んだ社会では，自動車が適正に売れ続け，自動車メーカ，部品メーカが健全に利益を出し，それによってさらに安全な製品を世に提供するという社会的基盤が確立していることはきわめて重要である．この意味において，自動車メーカが，「ぶつからないクルマ」として追突回避ブレーキを優先的に商品化してきたこと自体は否定されるべきものではないと考える．いずれにしても，追突防止技術は，自動車の安全技術の開発を牽引してきたし，これからもそうであろう．

　ここでの問題は，「やって，やれなくはない」という意味で技術的には可能な自動的追突回避を，どのようにシステム化するかにある．詳しくは 3 章以降で後述するが，ある限られた条件下で自動回避が可能であるとしても，ただちにドライバが不要だということにはならない．「ボタン一つで目的地まで連れて行ってくれる」という自動運転が世に出るのは，もしそれが現実になったとしても相当遠い未来のことであると思われる．認知工学の分野で古くからいわれているように，人間（ドライバ）が信用ならないからといって，では，自動運転で行こう，ということにはならないのである．なぜかといえば，システムの設計者や，製造者もまた人間であり，彼らもどこかで間違える可能性はあるからである．この意味において，自動運転がバラ色の世界を作り出すわけではないことに注意しなければならない．

　筆者らは，上記の問題意識を基に，制御工学，情報工学，認知工学などさまざまな分野から集結し，追突回避を支援するシステムとドライバとがどのように協調できるかという問いを考え続けてきている．幸いにして，2006～2011 年度の間，2 期 6 年にわたって科学研究費補助金を獲得することができた（研究代表者：伊藤　誠）．また，同時期に，自動車技術会ヒューマンファクター部門委員会において，追突リスクに関する指標を比較検討するリスク認知評価指標検討ワーキンググループ（WG）の活動も行われた（主査：丸茂喜高）．本書は，その研究プロジェクト，WG 活動の成果そのものではないが，大半をそうした活動で得られた成果によっている．

まえがき

　本書の構想は，科研費の研究期間を終える 2011 年度に，6 年間の成果をまとめて世に問いたいという思いを持ったことに端を発している。早いもので，最初に構想を練り始めてから，すでに 3 年の月日が経とうとしている。この研究プロジェクトを始めた 2006 年当時は，まだ衝突被害軽減ブレーキしか世には出ておらず，追突を自動で回避するシステムがここまで世に浸透するとは思っていなかった。今日のこうした自動ブレーキの隆盛の中で，本書のような書籍を世に出す意義はどのようなところにあるのだろうか。

　本書は，基礎的な事項をまとめた教科書ではない。追突防止に関する欧米の技術開発の動向などは，責任をもって説明しきれない部分があるため，思い切って割愛している。どちらかといえば，本書は，専門書としての位置付けになっている。しかし，数式の展開などは，論旨を説明するための最小限にとどめてあるので，本書を読んでただちに制御系を構築するというわけにはいかないだろう。むしろ，本書の意義はその学際性にあると理解してもらいたい。自動車の運転支援，自動運転の研究開発に携わる者は，多くの場合，機械・電気・制御などの工学的な知識・スキルと，心理学的なものの見方，実験作法などを両方わかっている必要がある。この意味において，本書は，これから本格的に研究，開発に取り組んでいこうとされる若手の技術者・研究者にとって，考えるヒントをいくつか提供しているはずである。

　本書の構成や読み方にも触れておかなければなるまい。本書は，「基礎編」（1 ～ 3 章）と「実践編」（4 ～ 6 章）に分かれている。基礎編では，基本的な考え方や知識を整理している。実践編では，追突回避のための支援システムの設計と評価の具体的な例を紹介している。

　各章における話題は概略以下のとおりである。

　1 章では，追突という現象の複雑さ，難しさの説明を試みている。

　2 章では，追突リスクを表す代表的な指標について，それぞれの定義や特徴を整理している。

　3 章では，認知工学的な視点から，ヒューマンマシン協調に関して最低限知っておくべきと思われる基本的な知識を述べている。

4章では，追突警報システムの設計と評価の例を紹介している。

5章では，自動ブレーキシステムの設計と評価の例を示している。

6章では，警報，自動ブレーキ以外のアプローチについて，さまざまな新しい視点を提供している。

基礎編は，あえてやや無味乾燥な書き方にしてあるので，実践編から読み進めて，わからない部分だけ基礎編から搔い摘んで読むという方式でもよいように思われる。

表現についても，あらかじめいくつかご理解いただく必要がある。本書は，学際的な領域に属することから，記号，単位系の使い方に違和感を覚える読者もおられるかと思われる。著者の間でもかなり議論したが，最終的に本書ではこのようなスタイルをとらざるをえなかった。各分野で論文や技術報告書などを書かれる際は，その分野での文化に即した形で適宜表現を修正されたい。また，説明の都合上，例えば車両の速度について，あるところでは m/s，別のところでは km/h を使うなど，表現が揺らいでいるところもある。同様に加速度についても，m/s^2 と G の混在もある。これらについても，むしろ表現を統一するとかえってわかりにくくなると思われる箇所もあり，あえて揃えていない（一部は併記している）。そのことによって読みにくさを感じられる読者もおられるかもしれないが，著者らとしては，この点についてはお詫びするしかない。

なお，本書の内容について，できるだけ正確を期したつもりではある。しかし，誤りが残っていた場合は，すべて筆者ら，特に編著者たる伊藤，丸茂の責任であることは明記しておかなければなるまい。内容に関することも含め，お気付きの点があれば，編著者までご連絡をお願いしたい。

本書を上梓するまでに，非常に多くの方々にご協力いただいた。科学研究費基盤研究（A）を推進するにあたりご尽力いただいた関係各位に謝意を表する。特に，研究の取りまとめにご尽力いただいた桝 順子さん，研究を補助してくれた周 慧萍博士には，いくら感謝してもしたりないほどである。また，自動車技術会ヒューマンファクター部門委員会リスク認知評価指標検討WG

まえがき

に参画いただいた各位にも御礼申し上げる。さらに，国土交通省自動車局の皆様，オランダGroningen大学のDick de Waard博士，立教大学の芳賀 繁教授，株式会社堀場製作所などから，貴重な資料のご提供や転載許可をいただいた。ほかにも，直接名前を挙げることはできないが，数多くの自動車業界の皆様との研究交流から多くのヒントを得ている。

また，このような企画を承認していただいた上に，遅々として進まない執筆作業に対して，忍耐強くご尽力いただいたコロナ社に厚く御礼申し上げる。

最後に，本書の執筆を陰ながら支えてくれた著者らの家族に感謝の意を述べたい。本当に，本当にありがとうございました。

2015年5月

著者一同

目　　次

――基礎編――

1. 追突事故を取り巻く環境

1.1 交通事故の現状 ………………………………………………………… 1
　1.1.1 日 本 の 現 状 ………………………………………………… 1
　1.1.2 交通事故死者数の海外各国の現状との比較 ………………… 3
　1.1.3 未然に防止する技術の必要性が高い交通事故類型とは …… 9
1.2 通常時の追従行動 ……………………………………………………… 10
　1.2.1 先行車の加速・減速へ適切に対応する場合 ………………… 11
　1.2.2 先行車の減速・停止へ適切に対応する場合 ………………… 12
1.3 通常から逸脱した状態としての追突 ………………………………… 14
　1.3.1 追突ニアミス …………………………………………………… 14
　1.3.2 追 突 事 故 …………………………………………………… 16
　1.3.3 通常と通常から逸脱した状態の違いを評価する指標の必要性 ……… 20
1.4 追突事故の要因となるドライバの行動・状態の多様性 …………… 23
引用・参考文献 ……………………………………………………………… 24

2. 追突リスク評価指標

2.1 記 号 の 定 義 ……………………………………………………… 25

2.2　追突リスク評価指標の分類（概要） ……………………………………… 26
2.3　ドライバが感じる危険感を表す指標 ……………………………………… 29
　　2.3.1　2車間の相対関係のみで規定される指標 …………………………… 29
　　2.3.2　2車間の相対関係および個々の車両状態で規定される指標 ……… 32
2.4　ドライバの減速行動の適切さを表す指標 ………………………………… 34
　　2.4.1　2車間の相対関係のみで規定される指標 …………………………… 35
　　2.4.2　2車間の相対関係および個々の車両状態で規定される指標 ……… 36
2.5　指標間の関係性に関する考察 ……………………………………………… 41
　　2.5.1　定義式の関係性に基づく考察（再分類） …………………………… 41
　　2.5.2　数値シミュレーション ………………………………………………… 44
引用・参考文献 ……………………………………………………………………… 50

3. 運転支援の基本的考え方

3.1　運転の責任と権限：人間中心の自動化と運転の支援 ……………………… 52
3.2　支援のレベル（自動化のレベル） …………………………………………… 60
3.3　支援のフェーズ（自動化のフェーズ） ……………………………………… 65
3.4　意思決定の階層 ………………………………………………………………… 68
3.5　運転支援システムの設計におけるヒューマンファクタの課題 ………… 69
引用・参考文献 ……………………………………………………………………… 86

―― 実践編 ――

4. 追突警報

4.1　古典的追突警報 ………………………………………………………………… 89
　　4.1.1　Stopping Distance Algorithm ………………………………………… 89
　　4.1.2　TTCに基づく警報 ……………………………………………………… 94
　　4.1.3　ACCの機能限界警報 …………………………………………………… 95

- 4.2 警報に対する信頼と過信，不信 ································· 95
  - 4.2.1 警報システムに対する不信 ································· 96
  - 4.2.2 警報システムへの過度な依存 ································· 97
- 4.3 警報タイミングの違いによる運転行動への影響 ············· 100
  - 4.3.1 個人適合型の警報タイミングの考え方 ····················· 101
  - 4.3.2 個人適合型の警報タイミングと運転行動との関係 ······· 103
- 4.4 必要な減速度を呈示することによる追突警報システム ······· 108
  - 4.4.1 DCA に基づく追突警報システム（DCA-FVCWS）········ 108
  - 4.4.2 ウィンドシールドディスプレイを用いた追突警報システム ······· 113
- 引用・参考文献 ··· 119

5. 自動ブレーキ

- 5.1 被害軽減ブレーキと追突回避ブレーキ（AEB システム）················ 122
- 5.2 熟練ドライバの減速行動モデルに基づく追突回避ブレーキ ············ 126
  - 5.2.1 問題設定 ··· 126
  - 5.2.2 KdB による熟練ドライバの減速パターンの特徴付け ·················· 127
  - 5.2.3 KdBc による熟練ドライバのブレーキタイミングの特徴付け ········· 130
  - 5.2.4 熟練ドライバの減速行動解析に基づく追突回避ブレーキ手法の例 ···· 132
- 5.3 衝突回避ブレーキに対するドライバ行動変容について ················· 136
  - 5.3.1 運転支援システムと行動変容 ·· 136
  - 5.3.2 個人適合型衝突回避ブレーキの作動タイミングが
    運転行動に及ぼす影響 ·· 136
- 引用・参考文献 ··· 139

6. 追突防止支援の展開

- 6.1 不確実事象への注意喚起 ··· 141
- 6.2 安全運転評価システム ·· 145

6.2.1　安全を実現するための異なるアプローチ ……………………… 145
　　　6.2.2　安全運転を評価する4指標 …………………………………… 146
　　　6.2.3　安全運転評価システムのインタフェース …………………… 147
　6.3　予測運転支援システム ……………………………………………… 151
　6.4　Haptic Shared Control ………………………………………………… 156
　6.5　触力覚情報による衝突リスク呈示 ………………………………… 158
　引用・参考文献 …………………………………………………………… 160

付　　　　録

　　A.1　映像記録型ドライブレコーダを用いた事故・ニアミスの収集 …… 162
　　A.2　KdBの定義の導出過程 ……………………………………………… 168
　　A.3　衝突回避減速度（DCA）の計算式 ……………………………… 169
　　A.4　前方障害物衝突軽減制動装置の技術指針 ……………………… 171
　　A.5　熟練ドライバの減速パターンの特徴付けの式展開 …………… 179
　引用・参考文献 …………………………………………………………… 181
索　　　引 ………………………………………………………………… 182

―― 基礎編 ――

1 追突事故を取り巻く環境

　この章では,まず国内外の道路交通安全の全体像を俯瞰し,その中での追突事故の位置付けを明らかにする。さらに,追従行動に対する基本的な理解の仕方を紹介し,追突する場合としない場合との違いを示す。その上で,一見単純そうな追突現象が,実際にはさまざまな課題を含む,奥深い問題であることを指摘する。

1.1 交通事故の現状

1.1.1 日本の現状

　日本における近年の交通事故の発生状況は,死者数(事故発生後24時間以内の死亡)・負傷者数・事故件数のいずれの値も減少する傾向を示している(図1.1)。1年間の死者数で見ると,1970年に16 765人という高い水準であったものが,1971年以降は減少に転じて1979年には8 466人と半減した[1]†。ところが,1980年から1992年にかけて一転して増加し,1992年には11 452人となり,1974年当時の水準まで増加した。1993年以降に再び減少してからは減少傾向が継続し,2013年には4 373人にまで減少している。この要因としては,シートベルトの設置義務化(1969年～)・装着義務化(1986年～),自動

---

†　肩付き数字は,章末の引用・参考文献番号を表す。

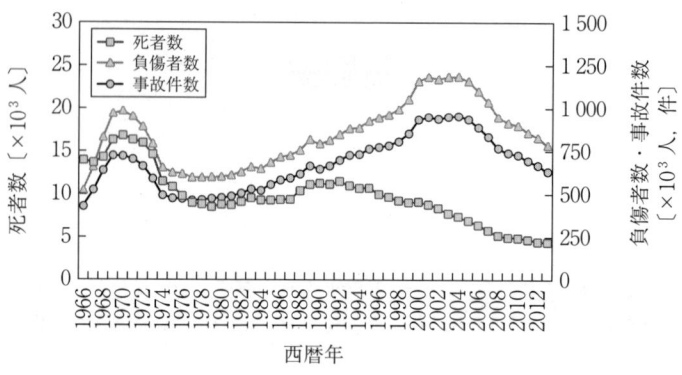

図 1.1 交通事故の発生状況の推移（死者数，負傷者数，事故件数）[1]

車アセスメントの開始（1995 年～）[2]，救命救急士の救命行為に対する規制緩和（2004 年～）[3] など，車両の安全性向上[4]，安全な交通の確保のための法律改正，救急医療体制の整備・規制緩和などの各方面の取組みが考えられる。死亡事故の特徴も時代とともに変化しており，16 ～ 24 歳の若年層のドライバによる死亡事故と最高速度違反や飲酒運転による悪質な運転による死亡事故が大幅に減少してきている[1]。ただし，負傷者数と事故件数も 2004 年以降は減少しているものの，その絶対数は負傷者数（78.1 万人），事故件数（62.9 万件）ともに依然として高い水準で推移している。

これらの数値の増減を議論する上では，自動車の保有台数の変化や，自動車の移動量を示す走行距離の変化など，社会情勢の変化と比較する必要がある。そのためには，保有台数当りや走行距離当りという観点で事故の起こりやすさの変化を把握することが有効である。

図 1.2 は，保有台数当りの事故件数と走行台キロ当りの事故件数の 1966 年から 2012 年における推移を表している。1970 年代にかけて事故の起こりやすさは顕著に減少していたが，1980 年以降は大きく増減することなく，ある一定の水準で推移していることがわかる。事故の起こりやすさが一定の水準で推移している中，図 1.1 が示す死者数の減少傾向は，前述した車両の**衝突安全**（passive safety）性の向上や救急医療体制の充実による効果を示唆している。

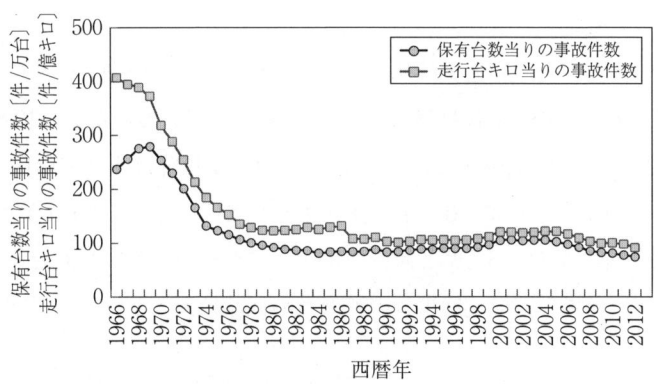

図 1.2 保有台数当り，走行台キロ当りの各事故件数の推移[1]

その一方で，交通事故の基本的な発生状況はほとんど変化していないことから，今後の対策は事故の起こりやすさをいかに低下させるかが課題といえるため，交通事故を未然に**防止**（prevention）するための対策をより充実させることが不可欠である。

1.1.2 交通事故死者数の海外各国の現状との比較

日本においては1990年代から交通事故の死亡者が大幅に減少しているが，海外各国の状況と比較するとどのような差異があるのだろうか。図1.3は，

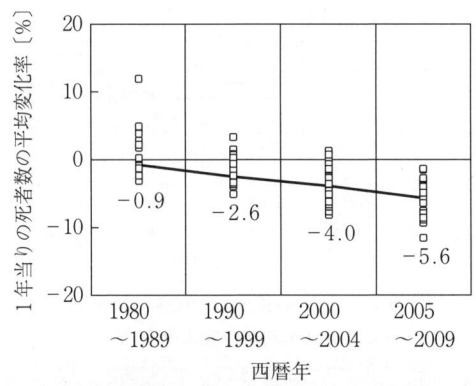

図 1.3 世界各国の交通事故死者数の変化率の分布と中央値の推移[5]

IRTAD(国際道路交通事故データベース†)が公表している,日本を含む30箇国の各国の1年当りの交通事故死者数の変化率の分布と中央値の推移を比較した結果である[5]。1980年代は増加と減少の国が混在していたが,1990年代以降は徐々に死者数が減少する国が増加し,2005年以降はすべての国で死者数が減少している。さらに,30箇国の中央値の推移を見ても1980年代の−0.9%から2005年以降は−5.6%と減少する率も時が経過するほど拡大している。このように,世界各国で交通事故の死者数の低減に大きな成果を上げてきている。

世界的な動向に対してわが国がどのような動向であったのかを比較するため,世界各国の死者数の変化率の中央値と日本の交通事故死者数の変化率を1980年から2009年にかけて比較した結果を図1.4に示した。日本の死者数は,1980年代は増加していたものの,1990年代以降は世界各国の中央値に近い減少率を記録するように変化している。このように,交通事故の死者数の変化率を見ると,1990年以降は日本も世界的な動向と同様に交通事故の死者数を減少する方向へ変化している。

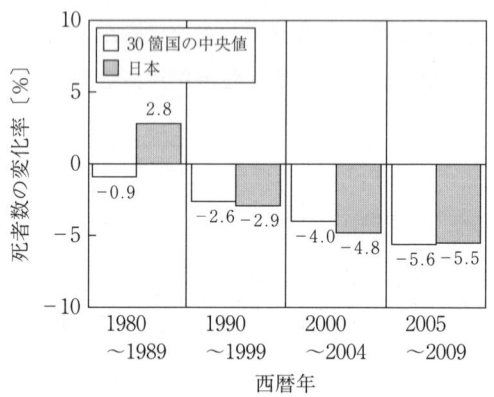

図1.4 世界各国の死者数の変化率の中央値と日本の交通事故死者数の変化率の比較[5]

---

† IRTADデータベースでは,死者を事故後30日以内に死亡した人(自殺を除く)と定義しているため,この項では30日以内の死者数について述べている。

ところが，死者数が年々減少するという傾向が国によって変化しつつある状況が近年見られている．図 1.5 は，1980 年からの死者数が変化する傾向別の国数の割合を示しているが，1980 年代は 10 箇国が増加していた状況が，1990 年代には 5 箇国，2000 年から 2004 年では 2 箇国，2005 年以降は 30 箇国すべてで減少する傾向を示した．しかしながら，各国の最近の統計に基づく変化率を見ると，10 箇国が増加する傾向を示している．この結果は，交通事故の死者数が年々減少していく傾向が，今後も同様に継続するかどうかが不透明な時期に差し掛かっていることを示唆するものと考えられる．

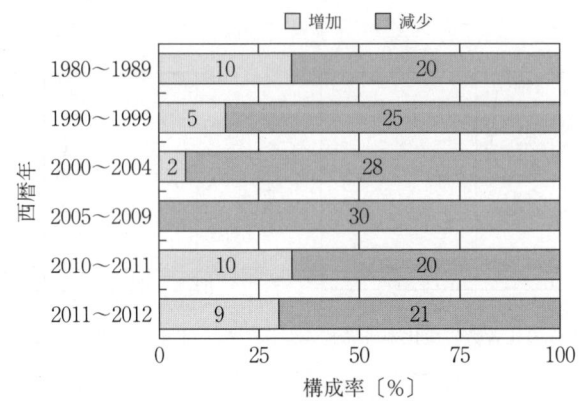

図 1.5　交通事故死者数の 1 年当りの変化率の
傾向別の国数の割合（30 箇国）[5]

国によって死者数とその変化率の示す特徴は異なっており，（1）減少する傾向が安定的に継続している国，（2）減少する傾向が鈍化，または，増加する傾向に変化している国，（3）増加と減少の傾向が 1 年ごとに変化している国の三つに大きく分類することができる．図 1.6 は，（1）の特徴を示すイタリアとベルギーにおける，1990 年，2000 年および 2010 〜 2012 年の死者数と 1 年当りの死者数の平均的な変化率の推移を表している．2012 年の死者数はどちらの国も 1990 年に比べて約 50 〜 60％減少し，さらに 1 年当りの変化率も安定的に減少傾向を示している．

図 1.7 は，（2）の特徴を示すオーストラリアとオランダにおける死者数と 1

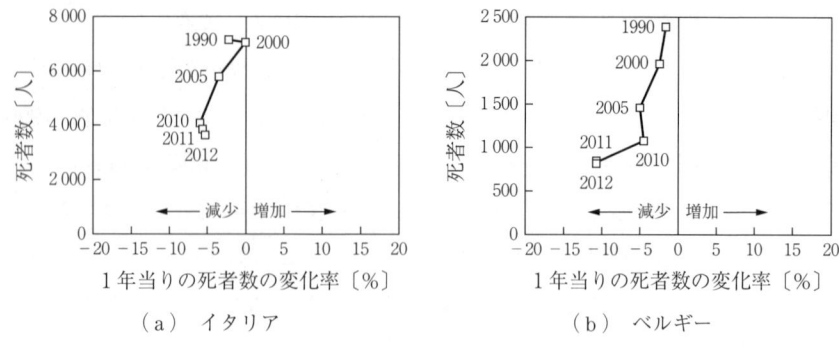

図1.6 死者数と1年当りの死者数の変化率の推移(イタリア,ベルギー)[5]

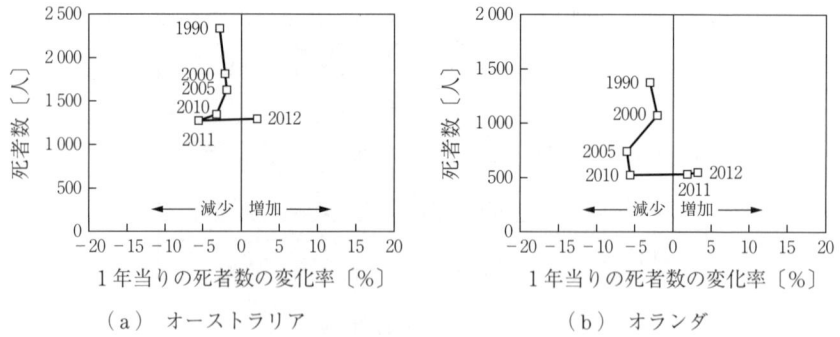

図1.7 死者数と1年当りの死者数の変化率の推移(オーストラリア,オランダ)[5]

年当りの死者数の変化率の関係の推移を表している。2012年の死者数は1990年に比べて40〜60%減少した値を示すように,死者数そのものは顕著に減少している。ただし,安定的に減少していた傾向が近年変化してきており,2012年には2箇国ともに増加する傾向を示している。

図1.8は,(3)の特徴を示すドイツとスウェーデンにおける死者数と1年当りの死者数の変化率の関係の推移を表している。近年の死者数が増加したり,減少したりする傾向を示しているが,1990年の死者数に比べて60〜70%減少しており,死者数低減に関して大きな実績がある中での増加の傾向である。

1.1 交通事故の現状

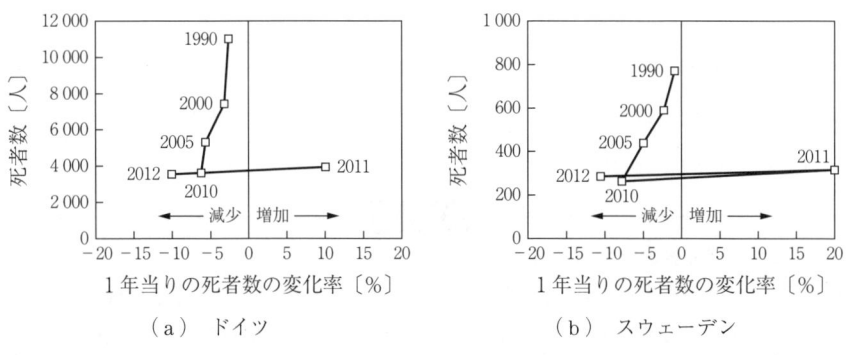

(a) ドイツ　　　　　　　　　　(b) スウェーデン

図 1.8 死者数と1年当りの死者数の変化率の推移（ドイツ，スウェーデン）[5]

（1）～（3）の特徴のうち，日本はどのような傾向を示すであろうか。**図 1.9** は，日本における死者数と1年当りの死者数の変化率の推移である。1980年代は死者数が増加している状態であったが，1990年代以降に減少する傾向を示してからは 2012 年に至るまで継続している。したがって，死者数の変化に基づくと，日本は（1）の特徴を示す国であるといえる。ただし，交通事故の死者数低減に関して明確な実績を上げた国の中に頭打ちの傾向を示す国が複数見られることを考慮すると，日本においても死者数の低減の減少率が鈍化したり，反転して増加する傾向を示したりする状況も十分に想定される。

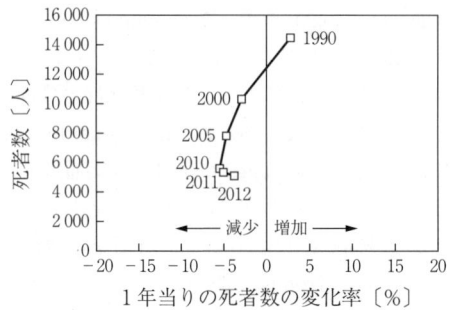

図 1.9 死者数と1年当りの死者数の変化率の推移（日本）[5]

これらの結果をまとめると，交通事故における被害軽減対策は世界各国で大きな成果を上げてきた一方で，今後のさらなる死者数削減を達成するためには交通事故の発生自体を防ぐ予防安全対策の意義がますます高まっている状況が世界的に共通の状況となりつつある。

コラム

日本および海外の交通事故統計

　国内外の交通事故の統計に関する情報を収集する場合，以下に示す機関にアクセスすることが有用である。日本の統計については**交通事故総合分析センター**（Institute for Traffic Accident Research and Data Analysis, ITARDA, 通称イタルダ），海外の統計については**国際道路交通事故データベース**（International Traffic Safety Data and Analysis Group, IRTAD）に各種統計が充実している。

　イタルダは，1992年6月11日に道路交通法第108条の13第1項の交通事故調査分析センターとして指定されている公益財団法人である。交通事故と人間，道路交通環境および車両に関する総合的な調査・分析研究ならびにその成果の提供などを通じて，交通事故の防止と交通事故の被害の軽減を図ることにより，安全，円滑かつ秩序ある交通社会の実現に寄与することを目的として設立された。交通事故統計の公開だけでなく，任意の集計条件で交通事故データを集計するサービス（有償）や交通事故の調査・分析結果をわかりやすく解説したイタルダインフォメーションの公開などを実施している。

　IRTAD は，OECD（Organization for Economic Co-operation and Development, 経済協力開発機構）の内部委員会として1988年に設立され，OECD加盟国の交通事故統計をまとめ，国際的な交通事故状況の分析によって道路交通安全に貢献することを目的としている。IRTAD Annual Report では，各国の交通事故の状況をふまえた Key Messages の発信や，交通事故死者数の推移の変化の比較をしており，日本の状況と海外の状況を比較したり，海外の交通事故や交通安全施策などの動向を把握することに有用な情報が得られる。また，Data Sets として Long-Term Trends に関するデータ（各国の10年単位の長期的な死者数の推移），Short-Term Development に関するデータ（各国の暴露量，年齢別の死者数の推移，人口当り・保有台数当り・走行キロ当りの死亡率）なども入手できるため，交通安全対策の研究・開発の課題の設定や意義の検討を行う際の参照先として推奨したい。

1.1.3 未然に防止する技術の必要性が高い交通事故類型とは

交通事故の発生件数を減少させるためには，具体的な安全対策を講じることが重要となるが，どのような事故に対する**予防安全**（active safety）対策の必要性・優先度が高いのかを明確にする必要がある。**図 1.10** は，事故類型別の発生件数の推移を示している。2013 年の交通事故統計によると，**追突事故**（rear-end collision）（22.5 万件）と**出会い頭事故**（intersection collision）（15.6 万件）の二つの類型が全体の約 60％（38.1/62.9 万件）を占めていることから，この二つの類型の事故をいかに予防することが重要な課題である[1]。とりわけ，最多の事故件数を記録する追突事故を予防する意義が高いといえるが，それは事故件数が多いことだけが理由ではない。

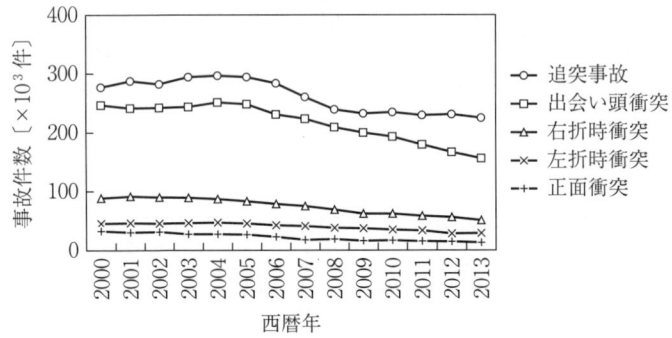

図 1.10 事故類型別の発生件数の推移（2000 〜 2013 年）[1]

追突事故を予防する意義が高い理由として，追突事故に特有の頸部傷害が発生するメカニズムの特徴が挙げられる[6]。追突事故の多くの事例で発生する頸部傷害（いわゆる，むち打ち損傷）には，医学的な診断と当事者の主観的な症状が一致しない事例が頻繁に発生したり，屈曲方向よりも伸展方向に対する頸部の衝撃耐性が低いため，低速度の**衝突**（collision）でも後遺障害に発展したりする特徴がある。つまり，衝突時の衝撃を緩和することができたとしても，頸部傷害を必ず予防できるとは限らない。

表 1.1 は，実車を用いた追突衝撃実験を実施した際に実験参加者が自覚症状を訴えた実験条件の計測値である．すべての実験が 16 km/h 以下の速度で衝突し，そのときの頭部にかかる最大加速度は 2.9〜7.8 G であった．この実験結果によって，従来の「3 G 以下の加速度であればどのような着座状態でも"むち打ち症"は生じない」，「16 km/h 未満での追突事故では受傷しない」という主張の妥当性が認められないことが明らかになった[7]．このように，追突事故そのものを予防する意義は，事故件数が多いことだけではなく，むち打ち損傷の発生メカニズムが複雑であることからも大きいといえる．

表 1.1 実車による追突衝撃実験時に実験参加者が自覚症状を訴えた際の計測値[7]

No.	衝突速度〔km/h〕	速度変化〔km/h〕	頭部最大速度〔G〕	車体の平均加速度〔G〕
11	10.3	6.9	2.9	1.4
13	12.1	7.2	5.3	1.9
16 (2例)	12.2	7.7	7.8	1.6
				1.5
21	12.4	6.4	3.5	1.1
5	12.5	6.4	4.1	2.1
18	15.3	8.6	5.2	1.7

1.2 通常時の追従行動

追突事故とは，同一方向に向かって進行中あるいは停止中の車両間において，後の車両（以下，**自車**（following vehicle））が前の車両（以下，**先行車**（preceding vehicle））の後部に衝突した場合をいう[8]．ここで，追突という現象を，先行車と自車との**車間距離**（headway distance）および先行車に対する自車の**相対速度**（relative velocity）で説明すると，相対速度が正の状態で車間距離が 0 になる状態である．したがって，追突事故を防止しようとする場合，相対速度が正の状態で車間距離が 0 になることを**予測**（prediction）し，その値の大小に応じて各種の対策を講じることが必要である．

その一方で，ドライバが先行車の状態を認識して適宜行動した場合に見られる一般的な**追従行動**（following behavior）とは，どのようなものかを把握しておくことが必要である。

1.2.1　先行車の加速・減速へ適切に対応する場合

自車および先行車の速度変化によって相対速度が変化し，先行車に**接近**（approach）（相対速度：正），先行車が**離間**（alienation）（同：負），先行車に追従（同：0）の状態が時々刻々変化する。先行車に対して一定の車間距離を保って安定して追従するためには，自車のドライバには相対速度を 0 にするための**加減速操作**（longitudinal operation）が求められる。

先行車の加減速へ適切に対応する場合，自車のドライバは相対速度を 0 にす

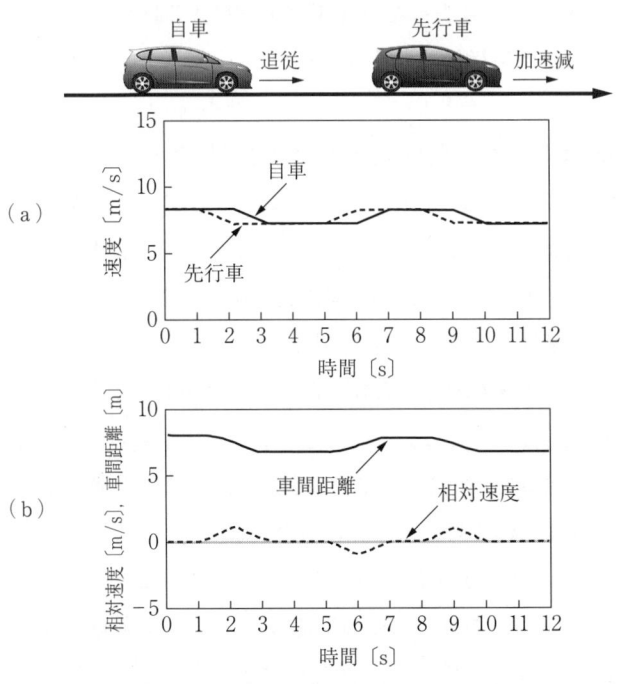

図 1.11　ドライバが先行車の加減速へ適切に
対応した場合の各状態の推移

るための加減速を行うこととなる．相対速度が0の状態は，車間距離が変化せずに一定の状態を示し[†]，この状態を維持しようとする**運転行動**（driving behavior）が**通常時**（ordinary situation）の追従行動といえる．

図 1.11 は，ドライバが先行車の加減速へ適切に対応した場合の各状態の推移を表している．なお，初期の車速は，自車，先行車ともに 30 km/h であり，車間距離は 8 m である．同図（a）の速度に着目すると，先行車が減速した後に，遅れて自車が減速を行い，その後，先行車が加速してから，自車が遅れて加速する状況を示している．先行車の減速により，同図（b）の相対速度（実線）が正になり先行車が接近する状態において，自車の減速によって相対速度を0にして車間距離（破線）を維持する区間（1～3 s，8～10 s）と，先行車の加速により，相対速度が負になり先行車が離間する状態に対して，自車の**加速**（acceleration）によって車間距離を維持する区間（5～7 s）を繰り返すことが，通常時の追従行動の特徴である．

1.2.2 先行車の減速・停止へ適切に対応する場合

先行車は，赤信号の交差点や一時停止などの理由で，**減速**（deceleration）したのち**停止**（stop）することがある．先行車の減速・停止へ適切に対応する場合，停止している先行車の後端位置に到達する前に，自車のドライバは相対速度を0にする減速を行う．先行車が停止した場合は，自車速度と相対速度は同一であるため，車間距離が0となる前に，自車が停止しようとする運転行動が通常時の追従行動といえる．このときドライバに求められるのは，車間距離が0になる前に自車を停止させるような減速操作であり，通常時であれば緩やかな減速度の減速操作で対応することができる．

図 1.12 は，ドライバが先行車の減速・停止へ適切に対応した場合の各状態の推移を表している．なお，初期の車速は，いずれも 30 km/h で，車間距離は 20 m となっている．同図（a）の速度に着目すると，先行車が減速を開始

[†] 相対速度を積分して符号を反転したものが車間距離に相当し，相対速度が正の場合には，それを積分して符号を反転させるため，車間距離は徐々に短くなる．

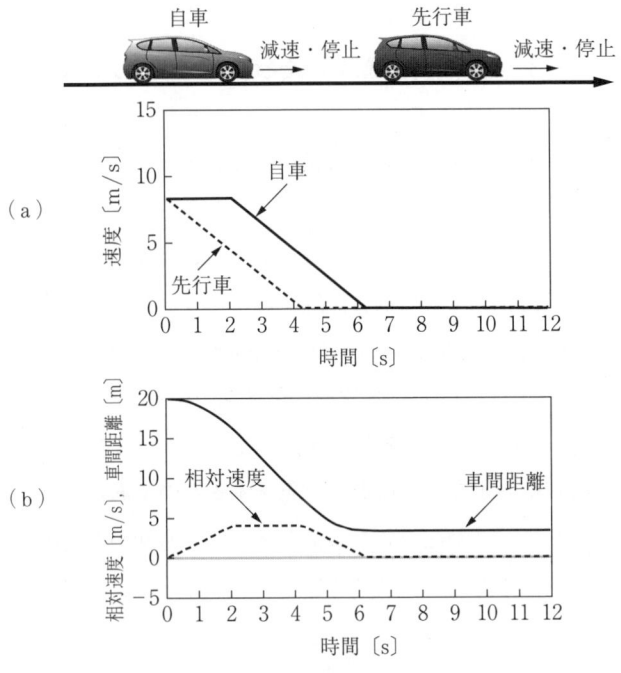

図 1.12　ドライバが先行車の減速・停止へ適切に
対応した場合の各状態の推移

した後に，自車が遅れて減速を開始し，最終的に停止する状況を示している。同図（b）に示すように，$-2\,\mathrm{m/s^2}$で減速している先行車へ接近する状態に対して，2sの時点から自車のドライバが，先行車と同じ$-2\,\mathrm{m/s^2}$で減速することによって，相対速度が一定になり，4.2sの時点で先行車は停止することで，相対速度が減少して，6.2sの時点で相対速度が0となり，先行車も自車も停止して，車間距離が収束している状態を示している。このように，最終停止時に車間距離を確保した状態で自車が停止することが通常時の追従行動の特徴である。また，自車が減速・停止する間に相対速度が車間距離よりも大きい状態（自車が何も対応しない場合は1s以内に衝突する）が見られない点も通常時の特徴である。

1.3 通常から逸脱した状態としての追突

前節で示した状態を通常時の追従行動であるとすると，通常時から逸脱した状態が発生した場合に追突事故が発生することとなる。そこで，通常から逸脱した状態が通常とどのように異なるかを把握することが必要である。

通常から逸脱した状態を客観的に記録するツールとして，映像記録型**ドライブレコーダ**[9] (drive recorder, event date recorder, EDR) がある。映像記録型ドライブレコーダは一般的に事故や**ニアミス** (near miss) 時に発生する急激な加速度変化（0.4 G など）をトリガとして，通常からの逸脱を判定して前方映像，自車の速度および加速度などを記録するものである。ここでは，映像記録型ドライブレコーダが記録した事例を対象に，通常から逸脱した状態を説明する。なお，ドライブレコーダの仕様や調査の詳細については，巻末の付録 A.1 に示されている[10]。

1.3.1 追突ニアミス

図 1.13 は，追突ニアミスの事例における，トリガの 3 s 前，1 s 前，トリガ時の場面を表している。この事例では，12.6 m/s（45 km/h）で先行車に追従していたところ，先行車が急減速したために自車も急減速で対応して衝突を**回避** (avoidance) した。自車のドライバはトリガの 3 s 前に減速操作を開始し，さらに 0.4 G を超える**急減速** (emergency deceleration) を実現した結果，先行車に衝突せずにニアミスとなった事例である。ただし，先行車に最接近したときの車間距離がおよそ 1 m であり，自車のドライバは余裕を持った状態で衝突を回避できたわけではない。

図 1.14 は，追突ニアミス事例の各状態の推移を表している。同図 (a) に示すように，トリガの 3 s 前までは同じように推移していた自車と先行車の速度に変化が生じている。同図 (b) に示すように，-0.3 s の時点で車間距離が 1.0 m の状態となっているが，相対速度が正（接近）から負（離間）の状態に

1.3 通常から逸脱した状態としての追突

- 自車速度：12.6 m/s
- 車間距離：5.5 m
- ブレーキ：on

（a） 3 s 前

- 自車速度：10.9 m/s
- 車間距離：1.3 m
- ブレーキ：on

（b） 1 s 前

- 自車速度：3.1 m/s
- 車間距離：1.1 m
- ブレーキ：on

（c） トリガ＝0 s

図 1.13 追突ニアミスの発生状況

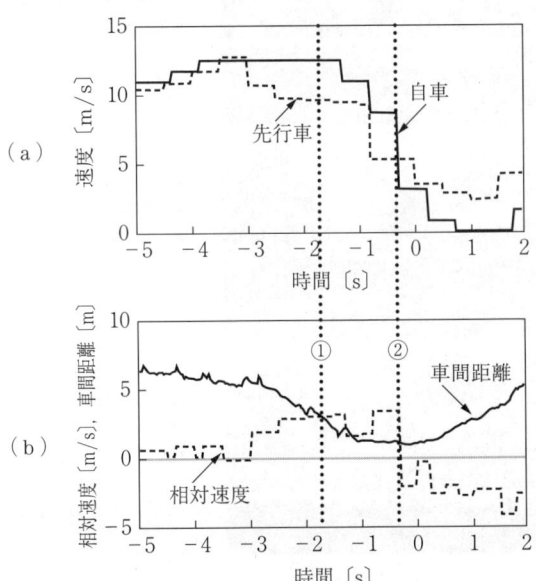

図 1.14 追突ニアミス時の各状態の推移

変化し,衝突寸前で回避したことを示している。先行車に急激に接近する前は,相対速度を0付近で維持して車間距離をある程度保った状態で追従していたことがわかる。通常時とは異なり,図中①の時点で相対速度が車間距離よりも大きい状態が発生している。ただし,このときのドライバによる急減速という対応があったことによって,②の時点で相対速度が車間距離よりも小さい状態となって衝突が回避されたことが示されている。

1.3.2 追突事故
〔1〕 先行車に気付くのが遅れた追突事故(事例1)

図1.15は,追突事故事例1における,トリガの3s前,1s前およびトリガ時の場面を表している。この事例では,前方の赤信号の手前で停止していた先行車に自車がほとんど減速しないまま,8.6 m/s(30 km/h)で衝突した。このとき,自車のドライバは衝突の0.6 s前という直前のタイミングで減速操作

- 自車速度:9.5 m/s
- 車間距離:30.0 m
- ブレーキ:off

(a) 3 s前

- 自車速度:8.9 m/s
- 車間距離:8.5 m
- ブレーキ:off

(b) 1 s前

- 自車速度:8.6 m/s
- 車間距離:0.0 m
- ブレーキ:on

(c) トリガ=0 s

図1.15 追突事故事例1の発生状況

を開始したが,その回避行動が間に合わずに衝突した事例である。

図 1.16 は,追突事故事例 1 の各状態の推移を表している。同図（a）に示すように,自車の速度は衝突直前までほとんど減速していない。その結果,同図（b）のように,0 s 時点に車間距離が 0 となり衝突した状況が発生し,そのときの相対速度が 8.6 m/s である。また,衝突が発生する前は,一定の相対速度で接近する状態が継続していたこともわかる。図中の ① が示すように,衝突の 1 s 前に相対速度が車間距離よりも大きい状態が発生し,ドライバが何も対応しなかったために 1 s 後に実際に衝突が発生している。

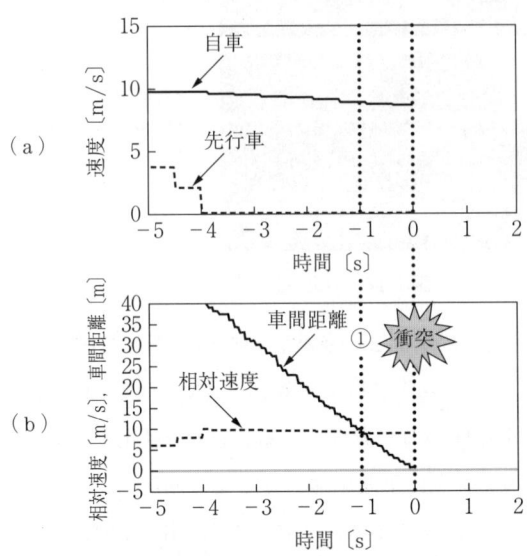

図 1.16 追突事故事例 1 の各状態の推移

〔2〕 先行車の加速直後の急停止への対応が遅れた追突事故（事例 2）

図 1.17 は,追突事故事例 2 における,トリガの 3 s 前,1 s 前,およびトリガ時の場面を表している。この事例では,交差点を右折するために停止していた先行車が,右折のために発進・加速した直後に急減速したが,自車が対応しきれずに 6.7 m/s（24 km/h）で衝突したものである。

- 自車速度：5.9 m/s
- 車間距離：4.3 m
- ブレーキ：off

（a） 3 s 前

- 自車速度：7.4 m/s
- 車間距離：3.2 m
- ブレーキ：off

（b） 1 s 前

- 自車速度：6.7 m/s
- 車間距離：0.0 m
- ブレーキ：on

（c） トリガ＝0 s

図1.17　追突事故事例2の発生状況

　図1.18は，追突事故事例2の各状態の推移を表している。同図（a）に示すように，先行車の速度変化に自車が対応していたが，先行車が−2 sから急減速したことで自車速度の方が大きくなる状態が発生している。そのため，同図（b）のように，0 s時点に車間距離が0となり衝突した状況が発生し，そのときの相対速度が1.8 m/sである。−10 sから−6 sまでは先行車が発進・加速しているため，相対速度が負の値を示して車間距離が増加している。その後，自車も発進・加速したために−6 sから−2 sの間は車間距離が一定の状態で維持された。ところが，−2 s時点で先行車が急減速したことで相対速度が急激に大きくなって，図中の①が示すように，衝突の1.2 s前に相対速度が車間距離よりも大きい状態が発生し，ドライバが対応したが間に合わず1.2 s後に衝突が発生した。

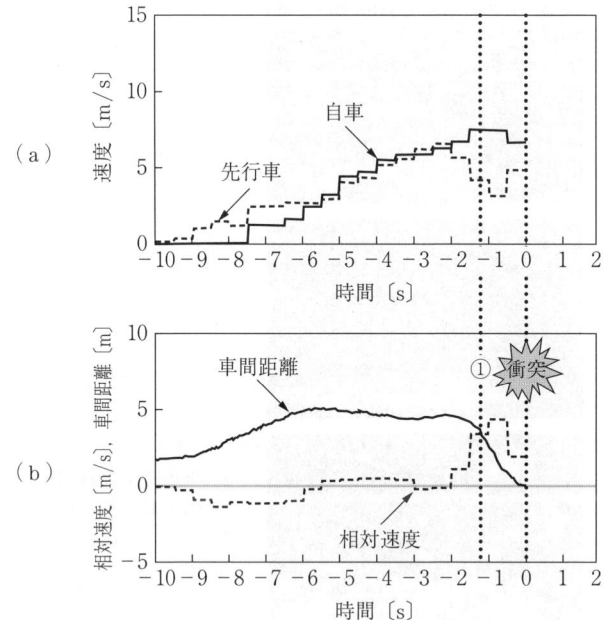

図 1.18 追突事故事例 2 の各状態の推移

〔3〕 減速操作を開始していたにもかかわらず衝突した追突事故（事例 3）

図 1.19 は，追突事故事例 3 における，トリガの 3 s 前，1 s 前，およびトリガ時の場面を表している。この事例では，前方の赤信号で停止していた先行車に対して，自車がおよそ 4 s 前からブレーキを操作していたにもかかわらず 5.5 m/s（20 km/h）で衝突したものである。

図 1.20 は，追突事故事例 3 の各状態の推移を表している。同図（a）に示すように，−4 s からブレーキを操作していたため徐々に自車速度が減速しているものの，最終的に停止することはなかった。その結果，同図（b）のように，0 s 時点に車間距離が 0 となり衝突した状況が発生し，そのときの相対速度が 5.5 m/s である。停止していた車両へ一定の相対速度で接近しているため，事例 1 と類似した推移を示している。ただし，−4 s 時点で自車が減速を開始している点が異なるが，その減速の操作が不適切であったために図中の ① が示すように衝突の 1.2 s 前に相対速度が車間距離よりも大きい状態が発生

- 自車速度：11.0 m/s
- 車間距離：22.7 m
- ブレーキ：on

（a） 3 s 前

- 自車速度：8.6 m/s
- 車間距離：7.3 m
- ブレーキ：on

（b） 1 s 前

- 自車速度：5.5 m/s
- 車間距離：0.0 m
- ブレーキ：on

（c） トリガ＝0 s

図 1.19　追突事故事例 3 の発生状況

し，その状態がほとんど変わらずに 1.2 s 後に衝突が発生した．

1.3.3　通常と通常から逸脱した状態の違いを評価する指標の必要性

　通常と，通常から逸脱した状態としてのニアミスや事故がどのように異なるかを，ドライブレコーダが記録した映像・データの比較に基づいてまとめた．ニアミスや事故のように衝突する危険性が高い状況では，相対速度が車間距離以上，すなわち，何もしなければ 1 s 以内に衝突する状態が発生する点が特徴である．このような危険な状態に対して，ドライバが衝突回避に有効な対応をするかどうかによって衝突するかどうかが異なる．ニアミス事例では，危険を察知したドライバが急減速の操作をしたことによって，相対速度が車間距離よりも大きい危険な状態から復帰することができた．

　本節では，現在の状況が変わらなければ 1 s 後に衝突するという状態を相対速度と車間距離の関係から把握できることについて述べたが，この考え方を踏

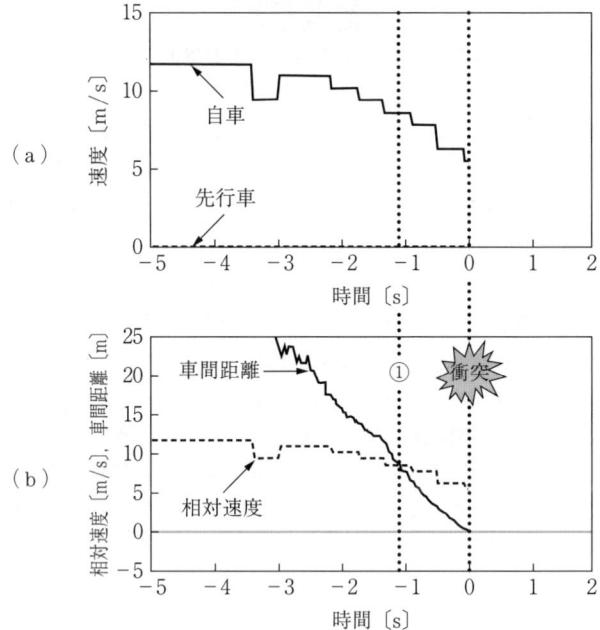

図 1.20 追突事故事例 3 の各状態の推移

襲すれば，2 s 後，3 s 後に衝突することなどが予測できる。通常と，ニアミスや事故の間に存在する違いの本質的な特徴を考察し，その特性を 2 車両の関係を表す物理量からどのように定量化し，定量化した値を事故防止のためにどのように利用するのかが重要な課題である。この定量化を行う上で，通常から逸脱した状態の違いを評価するための指標が必要である。

コラム

映像記録型ドライブレコーダが捉えるさまざまな場面

　近年，高画質の動画像の記録が容易にできるようになり，それに伴って，交通事故記録ツールとしての映像記録型ドライブレコーダの画質向上，価格低下が進展している。このドライブレコーダを搭載する目的には，自分の車両が事故に遭った場合の事実の記録，社用や運送などで運転する際の安全運転の管理などさまざまなものがある。

　追突事故や追突ニアミスのデータが大量に記録されることで，本書で紹介しているような，追突リスクが高まりやすい状況の特定や，運転支援の効果のシミュレーションが可能になる。ただし，ドライブレコーダが捉える場面には以下に示すように多様である。2012年4月12日に京都府京都市東山区祇園で軽ワゴン車が暴走した事故においては，現場に居合わせたタクシーのドライブレコーダが記録した映像によって，軽ワゴン車が電柱に衝突する直前にどのように走行していたかがわかった。このように，搭載した車両が関与しない場合であっても事故の真相解明に有効であることがある。海外では，2013年2月28日にポーランド北部グダニスク近郊を走行するバスに搭載されたドライブレコーダの車外・車内映像が，ドライバの突発的な意識喪失と，それに気付いた乗客がハンドルを操作するという機転の利いた対応によって，大事に至らなかったという状況を記録していたという事例がある。

　さらに，2011年3月11日の東日本大震災で千葉県旭市に到達した津波によって，ドライブレコーダを搭載した車両が押し流されそうになる状況を記録したり，2013年2月15日にロシアへ飛来した隕石(いんせき)の落下を複数のドライブレコーダが記録したりするなど，運転中のデータや映像を記録しておくことできわめてまれな場面が記録できるという側面もある。なお，ロシアでこれほどまでに隕石の映像が記録された背景には，職務怠慢な警察や腐敗の横行，保険金をだまし取ろうとするドライバや歩行者の続出，交通事故率がきわめて高いことなどが関係しているようである（著名な動画投稿サイトにおいて，「ロシア，交通事故」や「おそロシア，交通事故」で検索すると広く普及している理由がわかるかもしれない）。

1.4　追突事故の要因となるドライバの行動・状態の多様性

　前節で述べたように映像記録型ドライブレコーダが記録した追突事故を分析すると，現実に発生している事故はドライバが先行車に気付くことが遅れた事例ばかりではないことがわかってくる。例えば，先行車の減速前に十分な車間距離を確保していなかった事例，先行車が加速した直後の急減速・急停止への対応が遅れた事例，ドライバの減速操作量が不適切であった事例などが確認されている[11]。追突ニアミスも事故と同様に，減速操作の開始が遅れたもの，減速操作の量が不適切であった事例などが確認されている。事故に至る事例とニアミス状態で収束する事例の違いに影響している要素としては，ドライバによる衝突回避行動の差（減速操作タイミングや減速操作量など）や，自車と先行車の2車両の関係の差（絶対速度，相対速度の大きさなど）が関係していることが多い。

　以上より，通常から逸脱した状態である追突事故や追突ニアミスを評価する視点は多様であり，同時に追突事故防止のための視点も多様性が求められることになる。そのためには，自車のドライバが少なくとも接近する先行車に追突しないための行動として考えられる（1）減速操作を実行する必要性に気付くこと，（2）減速操作を開始すること，（3）追突しないような減速操作を実行することをいかに**支援**（assist, assistance）していくかが重要である。したがって，追突事故防止のための**評価指標**（evaluation indices）を検討するにあたっては，ドライバのどの段階の行動を評価の対象とするかについて考慮する必要がある。

引用・参考文献

1) 警察庁：平成 25 年中の交通事故の発生状況，pp. 1-2（2014）
2) JNCAP（Japan New Car Assessment Program）：クルマの安全性能ガイド BOOK, pp. 4（2014）
3) 内閣府：規制・制度改革に関する分科会（第二次報告書），pp. 1-4, 11（2011）
4) 竹内　啓, 大野祐司：自動車の衝突安全性向上による効果 — 乗用車の衝突安全性能の向上による死者数低減効果の推定 —, IATSS Review, Vol. 31, No. 2, pp. 21-25（2013）
5) IRTAD（International Traffic Safety Data and Analysis Group）：Road Safety Annual Report 2014, pp. 5-11（2014）
6) 平林　洌, 佐藤　武, 松下智康, 朝妻孝仁, 小柳貴裕, 小沢哲磨：鞭打ち損傷に関する医・工学的検討, 東日本臨整会誌, Vol. 7, pp. 135-147（1995）
7) 羽成　守, 藤村和夫：検証むち打ち損傷 — 医・工・法学の総合研究 —, pp. 80, ぎょうせい（1999）
8) 日本損害保険協会ホームページ：事故類型の解説（http://www.sonpo.or.jp/protection/kousaten/kousatenmap21/ruikei_kaisetsu.html）（2015 年 3 月現在）
9) 石川博敏：ドライブレコーダの効果と課題, 予防時報, No. 250, pp. 30-35（2012）
10) 北島　創：追突リスク実態調査に基づくドライバの追突危険状態の検出と回避支援策の研究, 筑波大学大学院システム情報工学研究科博士学位論文, pp. 22-32（2012）
11) 北島　創, 片山　硬, 伊藤　誠：追突事故・ニアミス時のドライバ対応行動の事後的診断手法の開発, 計測自動制御学会論文集, Vol. 49, No. 8, pp. 770-779（2013）

2 追突リスク評価指標

この章では,追突事故を未然に防止する方策を検討するために必要な,追突リスクの定量化について考察する。追突のリスクを表す様相はさまざまであるため,多様な評価指標が提案されている。ここでは,各評価指標によってどのような側面のリスクを測ることができるかを明らかにする。そのために,用いる物理量の差異に基づき追突リスク評価指標を分類するとともに,各指標が追従状況の変化とともにどのような特徴を示すかを数値例で示す。

2.1 記号の定義

追突事故の**危険性**(risk)がどのように変化したのかを明らかにするため,2車両の走行状態を定量的に表現するための記号を図2.1のように定義する。前章で述べたように,2車両のうち後方を走行する車両を自車,前方を走行する車両を先行車とする。自車および先行車の**位置**(position),**速度**(velocity),加速度をそれぞれ以下のように定義する。添え字の f は following, p は

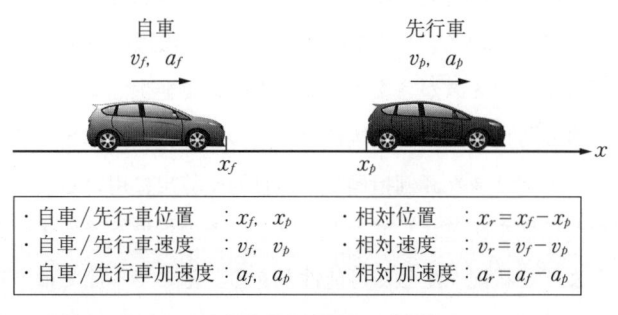

自車	先行車
v_f, a_f	v_p, a_p
x_f	x_p

- 自車/先行車位置 : x_f, x_p ・相対位置 : $x_r = x_f - x_p$
- 自車/先行車速度 : v_f, v_p ・相対速度 : $v_r = v_f - v_p$
- 自車/先行車加速度 : a_f, a_p ・相対加速度 : $a_r = a_f - a_p$

図2.1 2車両の走行状態を定量的に表現するための記号

preceding, r は relative をそれぞれ表す．

x_f：自車位置（車体先端）

x_p：先行車位置（車体後端）

x_r：相対位置（$=x_f-x_p$）

v_f：自車速度

v_p：先行車速度

v_r：相対速度（$=v_f-v_p$）

a_f：自車加速度

a_p：先行車加速度

a_r：相対加速度（$=a_f-a_p$）

なお，**相対位置**（relative position）x_r の符号は，自車が先行車の後方から追従する場合に負の値となる．時間経過とともに相対位置は負の値から増加して，0が衝突を表す．したがって，追従時の相対距離（車間距離）を求める場合には相対位置 x_r にマイナスを乗じた $-x_r$ を用いる．相対速度 v_r は，自車速度 v_f の方が先行車速度 v_p よりも大きく，自車が先行車に接近している場合を正とする．**相対加速度**（relative acceleration）a_r は，自車加速度 a_f の方が先行車加速度 a_p よりも大きい場合を正とする．

2.2 追突リスク評価指標の分類（概要）

追突リスク評価指標の研究は長年にわたって実施されており，すでにさまざまな指標が提案されている．1章で述べたように，映像記録型ドライブレコーダによって事故やニアミスがさまざまなパターンで発生していることがわかっているため，事故防止のための支援には，その多様性に対応することが求められる．ただし，追突リスク評価指標ごとの目的や算出に用いる変数などに基づいて指標間の関係性を明確にしておかないと，その指標を適用すべきでない場面に適用するような状況が生じる可能性がある．そこで本節では，追突リスク評価指標の算出に用いる変数から，2車両のどのような関係性を評価の対象と

2.2 追突リスク評価指標の分類（概要）

しているのかを分類する。

表 2.1 は，本書で取り上げる 11 種類の追突リスク評価指標の算出に用いる変数を比較した表である。相対位置 (x_r) はすべての指標の算出に用いられているが，その他の変数は指標によって用いるかどうかが異なる。相対位置のつぎに多い変数は相対速度 (v_r) であり，**THW**（time headway）[1] 以外の 10 指標で用いている。以下，自車速度 (v_f) が 6 指標，相対加速度 (a_r) が 5 指標，自車加速度 (a_f) が 3 指標，**反応時間**（reaction time）(T) が 2 指標となっている。

表 2.1 追突リスク評価指標の算出に用いる変数の一覧表

指標名	単位	x_r [m]	v_f [m/s]	v_r [m/s]	a_f [m/s²]	a_r [m/s²]	T [s]
TTC	s	✓		✓			
iTTC	1/s	✓		✓			
KdB	dB	✓		✓			
$\dot{\tau}$	—	✓		✓		✓	
TTC$_{2nd}$	s	✓		✓		✓	
THW	s	✓	✓				
RP	1/s	✓	✓	✓			
KdBc	dB	✓	✓	✓			
MTC	—	✓	✓	✓	✓	✓	
SD	m	✓	✓	✓	✓	✓	✓
DCA	m/s²	✓	✓	✓	✓	✓	✓

変数の組合せという観点で見ると，**TTC**（time to collision）[2] や THW などのように二つの変数を用いて算出する指標とともに，**SD**（stopping distance）[3] や **DCA**（deceleration for collision avoidance）[4] のように表 2.1 に示した六つの変数をすべて用いて算出する指標がある。算出に用いている変数の組合せから 2 車両の関係のうち，どのような関係を表そうとしている指標であるのかを分類することができる。本節では，2 車両の関係を相対関係と走行状態をどのように考慮するのかという視点で特徴をまとめることとする。

表 2.2 は，2 車両の関係を相対関係と走行状態の考慮条件に基づいて 11 指

表2.2 2車両の相対関係と2車両の走行状態の考慮条件に基づく分類

			2車両の走行状態		
			考慮しない	考慮する	
				1次（速度）	2次（加速度）
2車両の相対関係	考慮しない			THW	
	考慮する	1次（速度）	TTC iTTC KdB	RP KdBc	
		2次（加速度）	$\dot{\tau}$ TTC$_{2nd}$		MTC SD DCA

標を分類した結果を示している．TTC，**iTTC**（inverse TTC）[5), 6)]，**KdB**（KdB）[7)] は，相対位置 x_r と相対速度 v_r を用いていることで2車両の相対関係を1次的に表せる指標といえる．さらに，$\dot{\tau}$（tau dot）[2)]，**TTC$_{2nd}$**（本書では，second-order-predectied TTC と呼ぶ）[8)] は相対加速度 a_r を用いることによって2車両の相対関係を2次的に表せる指標といえる．

THW は相対位置 x_r と自車速度 v_f を用いることで自車両の走行状態を考慮できる指標である．**RP**（risk perception）[9)]，**KdBc**（先行車速度を用いてドライバの危険感を補正した KdB）（KdBc）[10)] は，相対速度 v_r を用いることによって2車両の走行状態を考慮できる指標である．**MTC**（margin to collision）[11)]，SD，DCA は，自車加速度 a_f と相対加速度 a_r を用いることで2車両の相対関係と走行状態をともに2次的に表すことができる指標といえる．

このように，指標の算出に用いる変数とその関係によって，指標が2車両の関係のうちの何を表そうとしているかが異なる．2車両の相対関係と走行状態の考慮条件によって，11指標を以下のように分類することができる．

〔1〕 **ドライバが感じる危険感を表す指標**

速度に関する変数によってドライバの感じる危険感を評価するための指標として，相対関係のみで規定される指標（TTC，iTTC，KdB）と，相対関係および個々の車両状態で規定される指標（THW，RP，KdBc）に分けられる．

〔2〕 ドライバの減速行動の適切さを表す指標

加速度に関する変数によってドライバの減速行動の適切さを評価するための指標として，相対関係のみで規定される指標（τ，TTC_{2nd}）と，相対関係および個々の車両状態で規定される指標（MTC，SD，DCA）に分けられる。

2.3 ドライバが感じる危険感を表す指標

11指標の算出に用いる変数に基づいて，ドライバの危険感を評価する指標とドライバの減速行動の適切さを評価する指標に分けられた。本節ではドライバの危険感を表す指標の定義式や意味合いについて説明する。

2.3.1 2車間の相対関係のみで規定される指標

〔1〕 TTC

衝突余裕時間（time to collision，TTC）は，図2.2に示すように，現在の相対速度v_rが維持されると仮定した場合に，自車が先行車に衝突するまでの時間を示しており，t_cとして次式で表される[2]。

$$t_c = -\frac{x_r}{v_r} \tag{2.1}$$

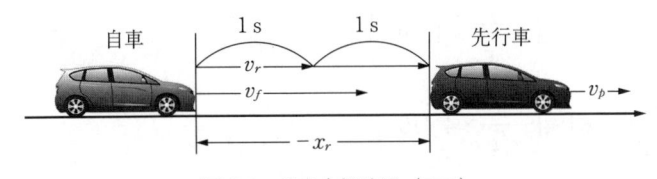

図2.2 衝突余裕時間（TTC）

図2.2の例では，相対速度v_rが維持された場合には2s後に衝突する状態を表している。相対速度v_rが0の場合にはTTCは無限大となる。

〔2〕 iTTC

iTTCはTTCの逆数によって定義される。この指標は，図2.3に示すように，先行車の大きさ（先行車に対する**視角** θ（visual angle））の増加率の時間

図 2.3 iTTC[†]

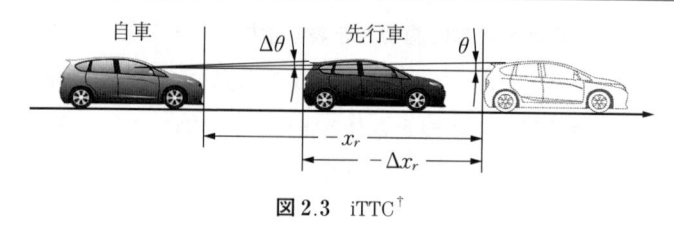

変化，または，車間距離 $-x_r$ の対数の時間変化を表現する指標として提案され，次式で表される[5), 6)]。

$$t_c^{-1} = \frac{1}{t_c}\left(= \frac{1}{\mathrm{d}t}\left(\frac{\mathrm{d}\theta}{\theta}\right) = \frac{\mathrm{d}}{\mathrm{d}t}\left(\log(-x_r)\right)\right) \tag{2.2}$$

実車実験により，ドライバはこの指標に基づいて**減速開始タイミング**（brake onset timing）を判断しているとの報告[5), 6)]がある。また，相対速度 v_r が 0 の場合には，TTC は無限大になるが，iTTC のように逆数にすることで連続的に扱うことが可能である。

〔3〕 **KdB**

KdB は，**図 2.4** に示すように，「ドライバが先行車の視覚的な面積変化によって接近・離間を検出しながら加減速操作を行う」とする仮説に基づいて定義された指標である[7)]。先行車面積の時間変化率をデシベル表示したものを接近離間状態評価指標と呼び，KdB として次式で定義される。

$$K_{dB} = 10 \times \log\left(-\frac{v_r}{x_r^3} \times 4 \times 10^7\right)$$

$$= 10 \times \log\left(\frac{1}{x_r^2 t_c} \times 4 \times 10^7\right) \tag{2.3}$$

この指標では，100 m 前方にいる先行車との相対速度 v_r が 0.09 km/h の場合を，ドライバが先行車の接近を検出できる限界として，このときの KdB が

[†] 図では，視角の基準がドライバの視点となっており，厳密には車間距離ではなく，ドライバ視点と先行車後端の間の距離になっているが，指標を定義する上では，自車先端を基準とした視角として考えるものとする。以降のドライバ視点を基準に考える指標についても同様である。

自車　先行車

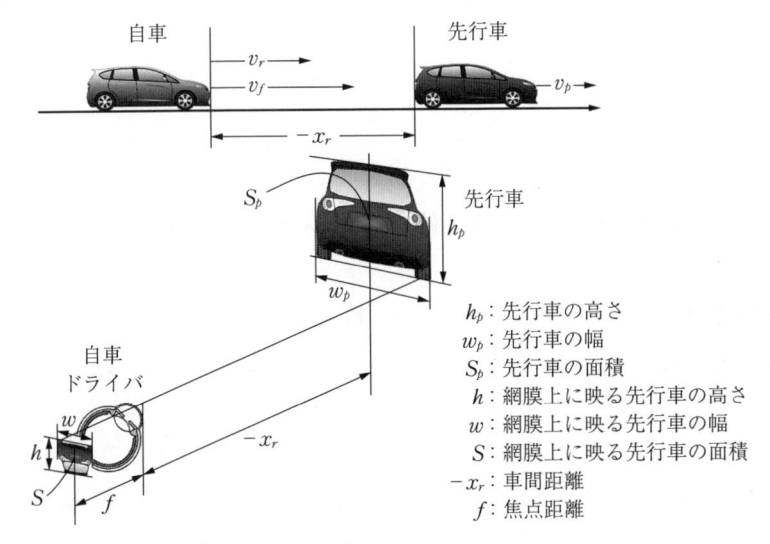

h_p：先行車の高さ
w_p：先行車の幅
S_p：先行車の面積
h：網膜上に映る先行車の高さ
w：網膜上に映る先行車の幅
S：網膜上に映る先行車の面積
$-x_r$：車間距離
f：焦点距離

図 2.4　KdB

0 となるように係数を設定されている．ただし，式 (2.3) は $-(v_r/x_r^3)>0$（接近時）でのみ定義可能である．また，接近時（$t_c>0$）には $K_{dB}>0$，離間時（$t_c<0$）には $K_{dB}<0$ となるように，v_r, x_r のとる値の範囲によって場合分けした．厳密な定義や導出過程は巻末の付録 A.2 に記されているので，そちらを参照されたい．

KdB は，iTTC に対して車間距離に依存した $1/x_r^2$ を乗じたものを**感覚量**

自車　$v_r=5\,\mathrm{m/s}$　先行車
$-x_r=10\,\mathrm{m}$

$K_{dB}=53$
TTC はともに 2 s.　　　　　　　車間距離が近い方が大きい．
$K_{dB}=47$

自車　$v_r=10\,\mathrm{m/s}$　　　　先行車
$-x_r=20\,\mathrm{m}$

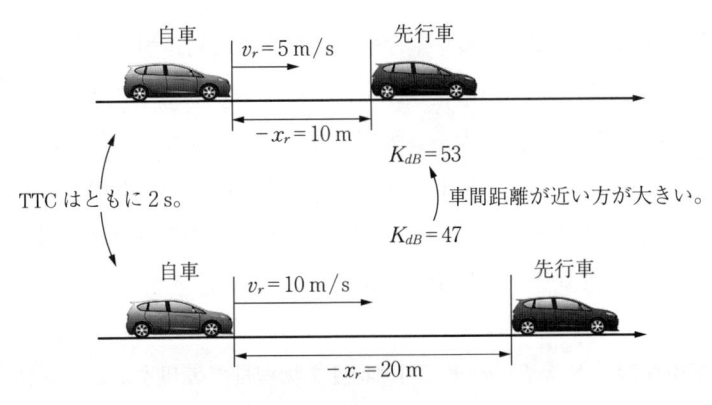

図 2.5　KdB と TTC

(sensory value) に変換しているため，図 2.5 に示すように，TTC が同じ場合であっても，車間距離が短い方が先行車の面積変化率が大きくなるため，KdB は大きな値となる．

2.3.2　2車間の相対関係および個々の車両状態で規定される指標

〔1〕 THW

車間時間（time headway，THW）は，図 2.6 に示すように，自車が現在の速度 v_f で，現在の先行車位置に到達する時間，すなわち車間距離 $-x_r$ を移動するのに要する時間であり，t_h として次式で表される[1]．

$$t_h = -\frac{x_r}{v_f} \tag{2.4}$$

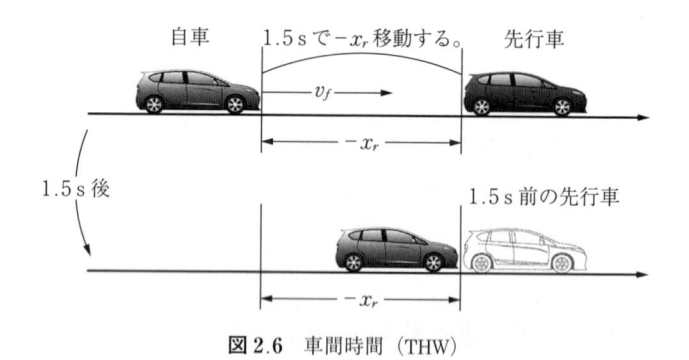

図 2.6　車間時間（THW）

図 2.6 の例では，1.5 s 後に，先行車がいた位置に到達する状態を表している．自車が停止している（v_f が 0）場合には THW は無限大になる．また，TTC と同様に，THW が 0 になると衝突を意味する．なお，先行車が停止している場合（$v_r = v_f$）には，TTC は THW と同じ値を示す．自車が先行車に対して定常的に追従している状況では，ドライバが感じる追突リスクの感覚は単に THW によって決まるという報告がある[9]．

〔2〕 RP

先行車追従時にドライバの速度制御特性を物理量で表現することを目的として，TTC と THW のそれぞれの逆数の線形和を，ドライバが**主観的**（subjective）

に感じているリスクとして，式 (2.5) のように定義される指標が RP である[9]．

$$R_p = \frac{a}{t_h} + \frac{b}{t_c} \tag{2.5}$$

ここで，定数 a, b は，**iTHW**（inverse THW）が示す定常項と iTTC が示す過渡項のそれぞれの重みを示すものである．ドライビングシミュレータ実験結果に最もフィットする値として，$a=1$, $b=5$ という結果が得られている[†9]．この値の意味合いとしては，実験参加者のブレーキタイミングを iTHW = 1 と iTTC = 0.20 程度でおおむね説明できることにある．ここで，ドライバによってブレーキタイミングが異なる点に対応しようとすれば，重みづけに用いる a と b の値をドライバ別の運転特性値に置き換えることによって，個人適合したリスクを定義することができる[12]．RP は，先行車に追従する場面における二つのオプティカルフローを表すことを意図しており，iTHW は自車の速度に依存しオプティカルフロー（グローバルオプティカルフロー）を，iTTC は先行車との相対速度に依存したオプティカルフロー（ローカルオプティカルフロー）を表現しようとするものである．

〔3〕 **KdBc**

KdB は，先行車に一定の相対速度で近付く実験結果におけるドライバの減速開始タイミングを説明できる一方で，先行車が減速をするという状況においては表現できない場合がある．その課題を解決するため，KdB に対し，先行車速度 v_p で補正することによって，ドライバのブレーキ開始ポイントを説明するブレーキ判別式を構築することが可能である[10]．先行車速度を補正した KdB は KdBc と定義され，次式によって算出される．

$$K_{dBc} = 10 \times \log\left\{\frac{1}{x_r^2}\left(\frac{v_r + \alpha v_p}{x_r}\right) \times (-4) \times 10^7\right\} \tag{2.6}$$

ただし，α は先行車速度の影響を考慮するための係数である．

---

† 実車走行の観察データに対しては，$a=1$, $b=4$ に設定すると，よくフィットすることも指摘されている．

コラム

車間時間と車頭時間

　本書では，交通事故低減のための自動車の追突防止支援技術の観点から，種々のリスク認知指標や変数を定義，整理している。この変数の定義は，専門分野や想定するシチュエーションによって異なったり，場合によっては同一変数名で異なるものを意味することがある。例えば，本書では time headway，THW（車間時間）を，車間距離（先行車後端から自車先端までの距離）を自車速度で割ったものと定義している。一方，交通工学の分野では，time headway は車頭時間と呼ばれ，先行車先端から後続車（自車）先端までの距離を，後続車速度で割ったものと定義している。前者は，先行車との衝突に関心があるとともに，自車が先行車の後端部までの距離を測るセンサを用いて推定することを考えると必然である。一方，後者も交通工学においては，交通流・交通密度などに興味があり，道路に設置されたトラフィックカウンタによって車両先端部の位置の通過時刻を記録することからすれば，こちらも必然である。なお，車間時間は time gap などと呼ばれることもある。

　また，ドライビングシミュレータ実験では注意が必要である。シミュレータソフトウェア内では，通常，車両重心位置を基準として種々の変数が定義されていることが多く，例えば車両重心間の距離を車間距離としている場合もある。このように，変数名だけではその指している意味が定まらない場合も多いため，論文や技術文書で各種変数を使用する際には定義を明確にすべきである。明確にすることで，複数論文間の結果の比較も可能となる。このような混乱を避けるため，SAE Recommended Practice J2944, Driving Performance Measures and Statistics として，推奨する使用方法を明確にする動きも出ている。

　なお，本章に種々のリスク評価指標について整理されているのも，多くの指標の定義やその特徴を明確にすることを目的としたワーキンググループ活動（自動車技術会ヒューマンファクター部門委員会リスク認知評価指標検討 WG（2007 年度））[13] からのスピンオフによるものである。

2.4　ドライバの減速行動の適切さを表す指標

　本節では，ドライバの減速行動の適切さを表す指標の定義式や意味合いについて説明する。

2.4.1 2車間の相対関係のみで規定される指標

〔1〕 $\dot{\tau}$

TTC の時間微分値を $\dot{\tau}$ として，次式のように定義する．

$$\dot{\tau} = \frac{dt_c}{dt} = \frac{d}{dt}\left(-\frac{x_r}{v_r}\right) = -\frac{\dot{x}_r v_r - x_r \dot{v}_r}{v_r^2} = -1 + \frac{x_r a_r}{v_r^2} \tag{2.7}$$

この指標は相対加速度がある場合の衝突可能性を評価できる特徴がある．ドライバが減速操作を行わない（相対加速度 a_r が 0）状況では，図 2.7 に示すように $\dot{\tau}$ は -1（1 s 後に TTC が 1 s 減少する）の値をとる．

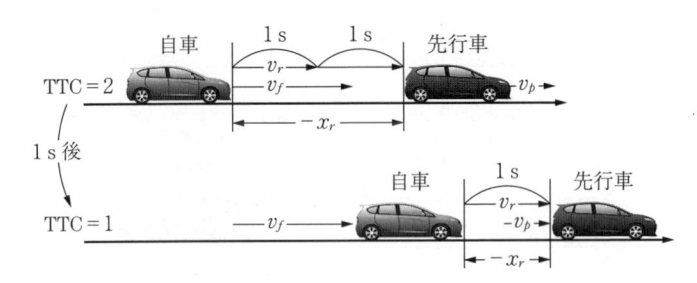

図 2.7 $\dot{\tau}$

一方，ドライバが減速操作をすることによって相対的な減速度が発生する場合には，相対速度が正であっても，$\dot{\tau}$ が -0.5 以上（式 (2.7) の第 2 項目が 0.5 以上）の値を示すような減速操作を行うことで衝突を回避できることが示される[2]．

〔2〕 **TTC$_{2nd}$**

TTC は，相対速度 v_r が維持されると仮定しているため，自車と先行車の間に相対的な加減速度が生じた場合には，衝突までの正確な時間を示さない．そこで，現在の相対加速度が維持された場合の衝突余裕時間について，等加速度運動の方程式を解くことで算出される 2 次予測値を t_{c2} として，次式のように定義する[8]．

$$t_{c2} = \frac{-v_r + \sqrt{v_r^2 - 2a_r x_r}}{a_r} \tag{2.8}$$

図 2.8 に示すように，相対加速度 a_r が正（相対減速度が負），すなわち自車減速度の方が先行車減速度よりも小さい場合には，相対加速度がない場合と比較して，実際の衝突までの時間は短くなるため，TTC よりも TTC_{2nd} の方が小さな値を示す．すなわち，この状況では，TTC は直面している状況のリスクを**過小評価**（underestimate）してしまうが，TTC_{2nd} はより正しく評価するという特徴がある．なお，相対加速度 a_r がない場合には，式 (2.8) では定義ができないため，その際は式 (2.1) の TTC（1 次予測値）を用いることによって，指標の推移の連続性を保つことができる．

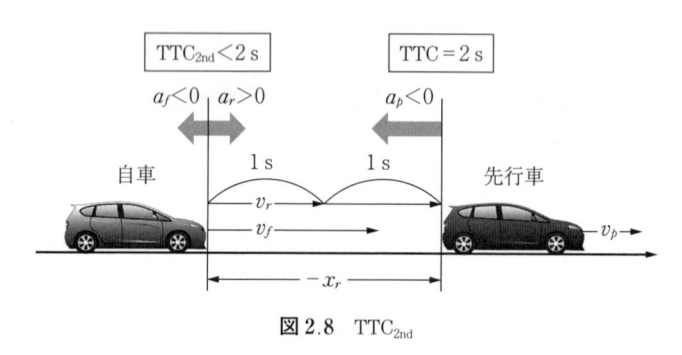

図 2.8　TTC_{2nd}

2.4.2　2 車間の相対関係および個々の車両状態で規定される指標

〔1〕 **SD**

現在の追従状態から先行車が減速して，それを見た自車が反応時間 T 〔s〕後に減速を行うものとして，2 車両が停止したときの最終的な車間距離を考える．図 2.9 に示すように，停止するまでの間に，現在の車間距離から減少（先行車に接近）する距離は，反応時間中に一定速で走行する距離（**空走距離** (reaction distance)）と自車の**制動距離** (braking distance)（**停止距離** (stopping distance, SD)）である．一方，増加（先行車から離間）する距離は，先行車の制動距離であるため，これらを差し引きすることで，現在の車間距離から停止するまでの間に先行車に接近する距離を計算することができる．この距離を現在の車間距離と比較して，現在の車間距離を下回った場合に警報を呈示する

2.4 ドライバの減速行動の適切さを表す指標

自車　　　　　先行車

T [s] 後

2車両が停止したとき

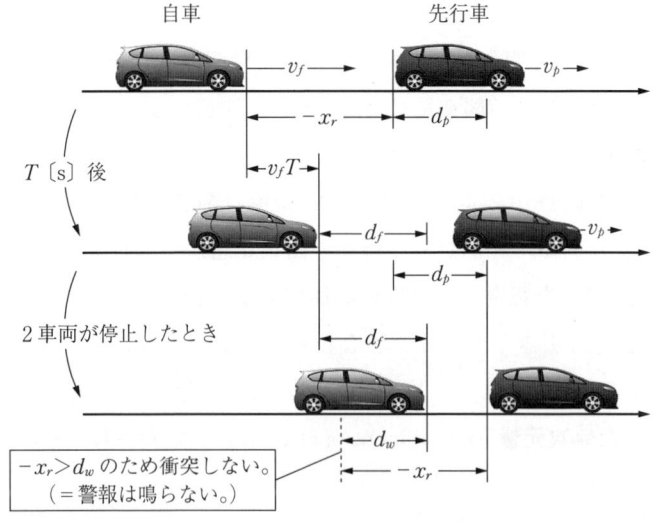

$-x_r > d_w$ のため衝突しない。
（＝警報は鳴らない。）

図 2.9　SD

手法が **SDA**（stopping distance algorithm）であり，**前方車両衝突警報システム**（forward vehicle collision warning system, FVCWS）において警報発生タイミングを規定する指標の一つである．そのことから，この距離のことを**警報距離**（warning distance）と呼ぶこともあり，次式で示される．

$$d_w = v_f T + d_f - d_p = v_f T + \left(-\frac{v_f^2}{2\tilde{a}_f}\right) - \left(-\frac{v_p^2}{2\tilde{a}_p}\right) \tag{2.9}$$

ただし，d_f は自車がある想定の減速度で減速した場合の制動距離，d_p は先行車が想定した減速度で減速した場合の制動距離，$\tilde{a}_f, \tilde{a}_p$ は自車および先行車の**想定加速度**（assumed acceleration）（したがって，減速時には負の値となることに注意）を表す．

なお，上式において，車速 v_f, v_p はあらかじめ与えられるものではなく，時々刻々の走行状態により更新されるが，ドライバ反応時間 T と想定加速度 $\tilde{a}_f, \tilde{a}_p$ はあらかじめ設定された値を用いる．2台が同じ条件で減速することを想定する場合は同じ値を設定する必要がある．また，これらの値を調整することで減速条件を穏やかなものから急激なものに想定することができたり，警報

を呈示する条件を変えたりすることができる。さらに，相対速度が0で，想定加速度も2車両で同じ場合には，THWが反応時間Tを下回った場合に警報が呈示されるため，反応時間を長く設定するには注意が必要である。

〔2〕 **MTC**

SDと類似の観点から定義されている指標に**衝突余裕度**（margin to collision, MTC）がある[11]。MTCも，現在の追従状態から先行車と自車両が急減速（減速度0.7 Gを想定）した場合に衝突するか否かを示す指標であるが，SDが距離を差し引きした指標，すなわち単位がmとなるのに対して，MTCは先行車までの車間距離$-x_r$と先行車の制動距離d_pの和を，自車両の制動距離d_fで除した**無次元量**（non dimensional value）で定義され，M_cとして次式で表す。

$$M_c = \frac{-x_r + d_p}{d_f} = \frac{-x_r - \dfrac{v_p^2}{2\tilde{a}_p}}{-\dfrac{v_f^2}{2\tilde{a}_f}} \tag{2.10}$$

本質的には，先行車と自車の想定加速度には任意の値を設定できるが，便宜上0.7 G（$\tilde{a}_f = \tilde{a}_p = -6.9 \,\mathrm{m/s^2}$）を設定する。これは，先行車の減速について最悪の場合を想定するとき，最大限の対応をとることによって自車が追突を回避する余地があるかどうかを評価することを意味している。この場合，M_cの値が1を下回っているならば，「**最悪の事態**（worst case scenario）が生じた場合，追突は不可避である」との意味で危険な状態を表すといえる。M_cの値が小さいほど減速操作の必要性が高まるが，特にM_cが1を下回っている場合には，減速操作をただちに行うことが望ましいことを表す指標である。

〔3〕 **DCA**

上述のSDやMTCでは，実際の加速度を用いるのではなく，自車両と先行車がともに現在の状態から想定加速度で減速した場合の衝突可能性を評価する。すなわち，これらの指標では，「ドライバがどのように減速したらよいのか？」という情報がドライバに呈示されないという問題点がある。また，あく

2.4 ドライバの減速行動の適切さを表す指標

までも急減速した場合の，いわゆる**潜在的な**（potential）衝突可能性を評価しているに過ぎない。

そこで，1) 潜在的な衝突リスクだけでなく，現在直面している状況の**顕在的な**（overt, obvious）衝突リスクを評価する，2) 衝突回避のためにドライバが為すべき減速行動を直接的に規定する，ということを目的として，**衝突回避減速度**（deceleration for collision avoidance, DCA）という指標が提案されている[4]。

DCA とは，先行車などの前方障害物との衝突を回避するために，最低限必要な自車の減速度であり，以下に示す2種類がある。

（a）顕在的衝突回避減速度 先行車が現在の加減速度を維持した場合の DCA を**顕在的衝突回避減速度**（overt DCA, ODCA）という[4]。現在時刻から，ドライバが反応時間 T〔s〕後に減速するまでの間，自車と先行車はともに等加速度運動を続ける。その後，両者の相対速度が0となるときに衝突しないという条件で，反応時間 T〔s〕以降の自車減速度を求めると，それが ODCA となる（**図 2.10**）。ドライバはこの ODCA 以上で減速し続ければ衝突しない。

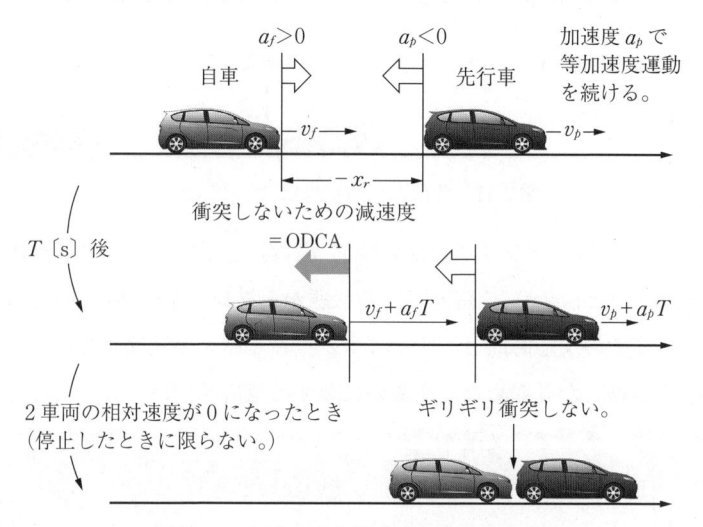

図 2.10 顕在的衝突回避減速度（ODCA）

MTCやSDでは，自車と先行車がともに減速を終えて停止したときに自車が先行車の後方にいる（＝ぶつからない）という条件で計算するが，厳密には停止以前にぶつかる可能性がある。DCAでは，その点まで考慮している点が特徴の一つといえよう。ただし，計算過程は複雑であり，そちらについては巻末の付録 A.3 を参照されたい。

（b）**潜在的衝突回避減速度** MTCやSDの概念を取り入れて，先行車が現在の状態から反応時間なしに 0.6 G の一定減速度で減速すると仮定した際のDCAを**潜在的衝突回避減速度**（potential DCA, PDCA）という[4]。PDCAの計算方法は，基本的にODCAと同じである（**図 2.11**）。

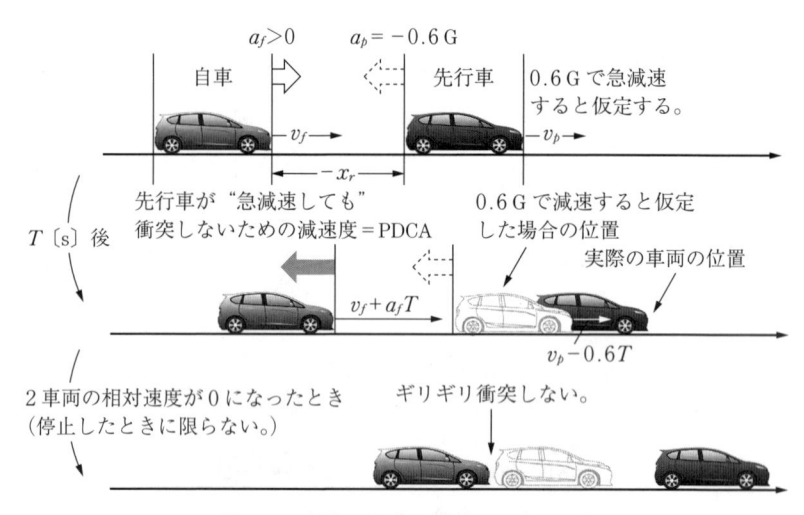

図 2.11 潜在的衝突回避減速度（PDCA）

DCA の計算には，ドライバの反応時間 T 〔s〕を用いるが，**アクセルペダル**（accelerator, gas pedal）を踏んでいる状態から**ブレーキペダル**（brake pedal）を踏むときまでの反応時間と，すでにブレーキを踏んで減速しているときにブレーキを踏み増したり緩めたりするのに要する反応時間は，異なることが容易に想像できる。そこで，文献 4）では，T の値を下記のように設定している。

$$T = \begin{cases} 1.2\,\text{s}（まだブレーキを踏んでいないとき）\\ 0.2\,\text{s}（すでにブレーキを踏んでいるとき） \end{cases} \tag{2.11}$$

ただし，これらの値については，今後検討の余地がある点は注意されたい．

2.5 指標間の関係性に関する考察

2.5.1 定義式の関係性に基づく考察（再分類）

〔1〕2車両間の相対関係だけでドライバの危険感を規定する指標

表2.1より，TTC，iTTC，KdBの三つの指標は，自車と先行車の相対関係（相対距離，相対速度，相対加速度）のみによって規定されることがわかる．ここでは，これらの指標の関係性について考察を行う．

TTCは最も一般的に使われているリスク認知指標であるが，式(2.1)に示すように，現在の相対速度が維持された場合に衝突するまでの時間を表すものである．しかし，ドライバが車間距離や相対速度といった物理量を正確に把握し，衝突するまでの「時間」を計算して，それにより衝突リスクを評価していると考えるのは合理的ではない．すなわち，ドライバが直接この指標そのものを評価しているとは考えにくい．

それに対して，式(2.2)に示した，TTCの逆数であるiTTCは，視覚情報から直接得られる物理量であることが知られており，ドライバはこの値をリスク評価に用いていると考える方がより自然である．

人間が外部情報から得られる物理量をそのまま**知覚**（perception）するのではなく，物理量の対数を知覚するというWeber-Fechnerの法則[14]がある．KdBは，iTTCに係数を掛けたものを対数化することで感覚量に変換しており，ドライバの知覚特性を反映した指標と捉えることができる．ただし，式(2.3)に示すように，KdBはiTTCに車間距離に依存した$1/x_r^2$を乗じたものを感覚量に変換しているので，TTCが同じであっても車間距離$-x_r$が小さい場合には，KdBは大きい値を示す点がTTCとの違いである．

これらのTTC，iTTC，KdBは視覚情報から直接求めることができる指標という点で，自車と先行車の相対的な関係のみにより評価される主観的なリスクを示すものとみなせる．

〔2〕 2車両間の相対関係および個々の車両状態でドライバの危険感を規定する指標

表2.1より，THW，RP，KdBc の三つの指標は，2車両間の相対関係に加えて個々の車両の状態（自車速度，先行車速度）で規定されることがわかる。ここでは，この3指標の関係性について考察を行う。

式 (2.4) に示すように，THW は車間距離という相対関係に基づく状態量を自車速度で除した時間であり，相対関係だけではなく自車の状態（自車速度）によって定まる**安全マージン**（safety margin）とみなすことができる。

RP は，ドライバが iTTC という視覚情報から定まるリスクだけではなく，iTHW という自車速度に依存する**客観的**（objective）な安全マージンを統合することで，先行車に対する主観的なリスクを評価するという指標である。ここで，式 (2.5) に示した RP の定義式を下記のように変形する。

$$R_p = \frac{a}{t_h} + \frac{b}{t_c} = b \cdot \left(-\frac{1+\left(\frac{a}{b}\right)v_f - v_p}{x_r} \right) = \frac{b}{\tilde{t}_c} \tag{2.12}$$

上式より，自車速度 v_f に a/b の重みを加えて算出した TTC を $\tilde{t}_c$ として，自車速度が潜在的リスクに与える影響を加味した iTTC を RP であるとみなすことができる。

KdBc も RP と類似した特徴を備えた指標である。式 (2.6) に示した KdBc の定義式を下記のように変形する。

$$\begin{aligned}
K_{dBc} &= 10 \times \log\left\{ \frac{1}{x_r^2} \times \left(\frac{v_r + \alpha v_p}{x_r} \right) \times (-4) \times 10^7 \right\} \\
&= 10 \times \log\left\{ \frac{1}{x_r^2} \times \left(\frac{1-\alpha}{t_c} + \frac{\alpha}{t_h} \right) \times 4 \times 10^7 \right\} \tag{2.13}
\end{aligned}$$

上式より，TTC と THW のそれぞれの逆数を，相対速度と先行車速度の関係を考慮して RP と同様に自車速度が潜在的リスクに与える影響を加味している指標であるとみなすことができる。

2.5 指標間の関係性に関する考察

〔3〕 2車両間の相対関係だけで減速行動の適切さを評価する指標

表2.1に示すように，$\dot{\tau}$，$\mathrm{TTC_{2nd}}$ の2指標は相対加速度 a_r を用いて算出する。これらは，自車と先行車の速度変化の関係から，現状の自車の減速行動の適切さを評価する指標となっている。

まず，$\dot{\tau}$ であるが，先行車と衝突しないためには，$\dot{\tau} > -0.5$ となるように減速度を制御したらよいということから，単に先行車との衝突リスクを評価するものではなく，衝突しないための行動を規定する指標となっている。

$\mathrm{TTC_{2nd}}$ は衝突余裕時間の2次予測値であり，相対加速度がある場合には，TTC よりも正しい衝突余裕時間を示す。ただし，式 (2.8) に示すように，その値を求めるためには相対距離，相対速度，相対加速度といった自車と先行車の相対関係に関する情報が必要であり，式 (2.2) に示した 1/TTC のように，視覚情報から直接求めることができない。

〔4〕 2車両の相対関係および個々の車両状態で減速行動の適切さを評価する指標

表2.1に示すように，MTC, SD, DCA は，相対加速度 a_r と自車加速度 a_f を用いているため，ここで比較する指標において，相対距離，相対速度，相対加速度，自車速度，自車加速度のすべてを用いて算出する指標といえる。ただし，MTC は反応時間 T を考慮していない点が SD と DCA との違いである。これらの指標の意味合いについて，MTC を例に考察する。式 (2.10) に示す MTC の定義式を以下のように変形する。

$$M_c = 2 \cdot \left(-\frac{\tilde{a}_f}{v_f} \right) \cdot \left(-\frac{x_r}{v_f} \right) + \frac{\tilde{a}_f}{\tilde{a}_p} \cdot \left(\frac{v_p}{v_f} \right)^2 \tag{2.14}$$

MTC を算出する際には，$\tilde{a}_f$, $\tilde{a}_p$ ともに $-6.9\,\mathrm{m/s^2}$ を代入するので式 (2.14) は次式となる。

$$M_c = 2 \cdot \frac{t_h}{t_s} + \left(\frac{v_p}{v_f} \right)^2 \tag{2.15}$$

ただし，上式において，$t_s = -v_f/a_f$ は自車が現在から停止するまでの**停止時間**（time to stop, TTS）を表す。本式より，MTC は**車速比**（velocity ratio）

の2乗で変化することがわかる。

MTC，SD，DCA 以外の指標は，現在の相対速度や相対加速度が維持された場合のリスク評価を行っていることから，顕在的なリスク評価指標となっている。一方，MTC，SD，DCA は，上述のように現時点からの減速した状況を想定しており，潜在的なリスク評価指標となっている。この点が MTC，SD，DCA が備えている最大の特徴であるといえよう。

つぎに，TTC_{2nd}，MTC，SD はいずれも衝突回避のための行動を規定するものではなく，TTC_{2nd} は衝突までの時間を，MTC と SD は2車両が制動した後を想定したときの衝突までの距離を表すように，衝突に対するマージンを示すものである。TTC_{2nd} が現状の相対加速度を維持した場合を想定しているのに対して，MTC と SD は現時点において自車と先行車が減速した場合を想定している点が違いである。

DCA は顕在的なリスクと潜在的なリスクを評価する上に，ドライバが衝突を回避するためにとるべき行動を減速度という単位で規定することが大きな違いである。

2.5.2 数値シミュレーション

ここでは，前項で検討した各指標の特徴や指標間の関係について，典型的な追従走行場面における数値シミュレーションの結果から比較・検討する。

〔1〕 **相対速度が同じで自車速度が異なる場合**

シミュレーション条件として，**図 2.12** に示すように，相対速度が $v_r=40$ km/h で同じ状況で，自車速度が $v_f=40$，80 km/h（すなわち，$v_p=0$，40 km/h）と異なる2条件（前者を低速条件，後者を高速条件とする）で先行車に接近するときの指標の変化を比較する。

ここでは，一例として，相対位置 x_r に対する TTC の推移を**図 2.13** に示す。2車両の相対関係だけで規定される TTC は，自車速度 v_f に関係なく，同じ推移を示している。それ以外の iTTC，KdB，τ および TTC_{2nd} についても，相対速度が同じであれば，自車の絶対的な速度によらず同様の振舞いを示す。

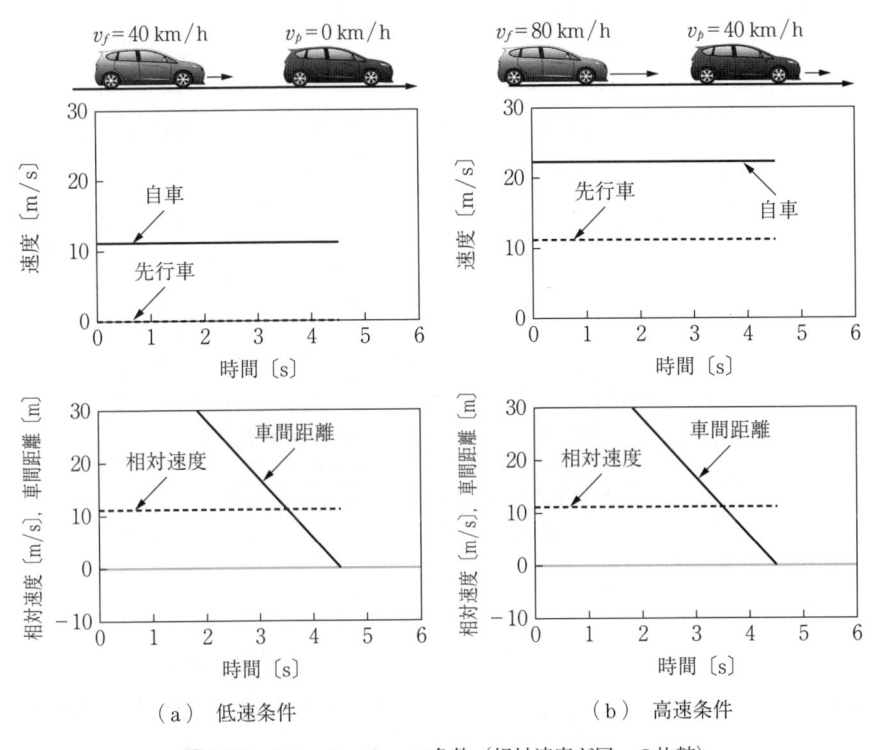

2.5 指標間の関係性に関する考察

(a) 低速条件

(b) 高速条件

図 2.12 シミュレーション条件（相対速度が同一の比較）

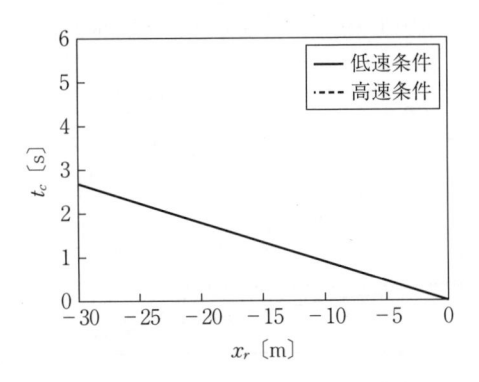

図 2.13 相対位置に対する TTC の推移

同様のシミュレーション条件で，相対位置に対するRPの推移を見たものが**図2.14**である。RPは自車速度に対する安全マージンを示すTHWの差分（速度が倍ならばTHWの値が0.5倍）に応じて，自車速度が高い場合の方がリスクを高く評価していることが確認できる。

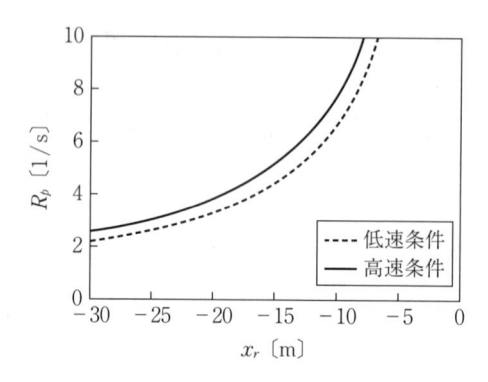

図2.14 相対位置に対するRPの推移

MTCについても同様にシミュレーションを行った結果が**図2.15**である。MTCは，自車速度の2乗に比例する項と2車両の速度比の2乗の値で補正する項で規定されるため，車間距離が同じ（30 m）でも，$v_f = 80$ km/hの場合は，$v_f = 40$ km/hのときと比べて，MTCは約1/3の値を示す。また，衝突時（$x_r = 0$）の値は，2乗の値（v_p^2/v_f^2）を示す。先行車が停止している場合には

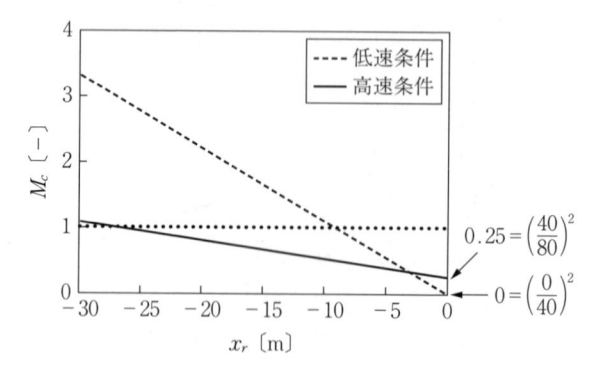

図2.15 相対位置に対するMTCの推移

0，相対速度が 0 で衝突（接触）する場合には 1 となり，先行車と自車の速度の比に応じて 0 〜 1 の値をとる．

〔2〕 衝突回避に関する減速行動の適切さが異なる場合

$\tilde{\tau}$ の変動を数値シミュレーションにより比較する．シミュレーション条件は，**図 2.16** に示すように，$v_f = 40\,\mathrm{km/h}$，$v_p = 0\,\mathrm{km/h}$ の一定相対速度で，停止する先行車に接近する場面である．このとき，$x_r = -20\,\mathrm{m}$ の時点で $-1.0\,\mathrm{m/s^2}$ で減速するが衝突する「衝突条件」と，$x_r = -10\,\mathrm{m}$ の時点で $-6.9\,\mathrm{m/s^2}$ の減速を開始して衝突寸前で回避する「回避条件」の 2 条件で比較した．

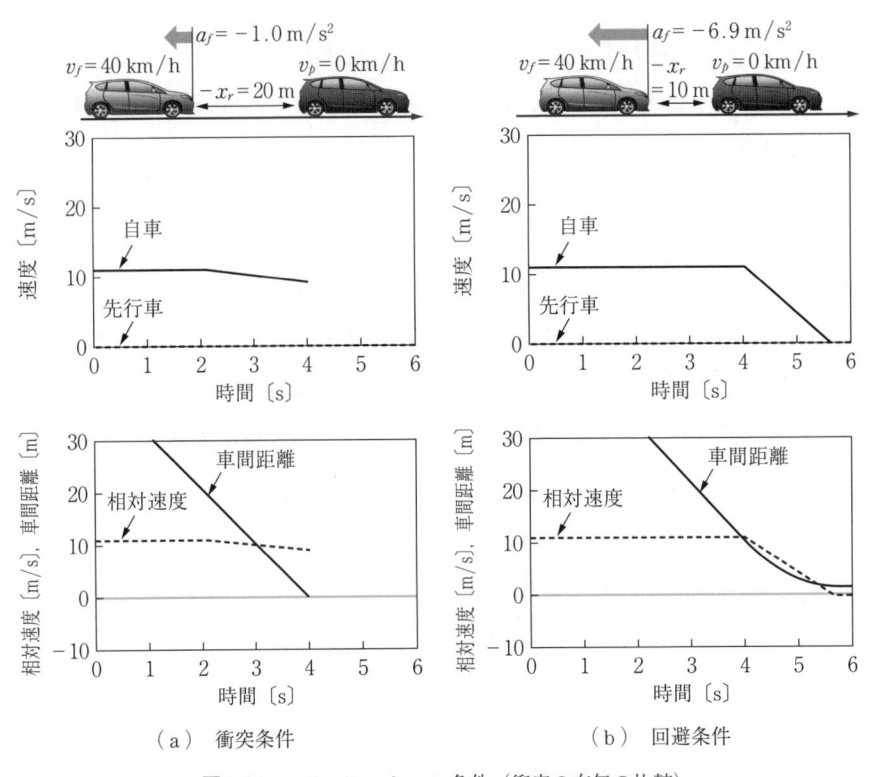

図 2.16 シミュレーション条件（衝突の有無の比較）

相対位置に対する $\tilde{\tau}$ の推移を**図 2.17** に示す．衝突条件では $-20\,\mathrm{m}$ の時点でいったん増加するが適正な減速の判断基準である -0.5 以上の値を示さずに衝

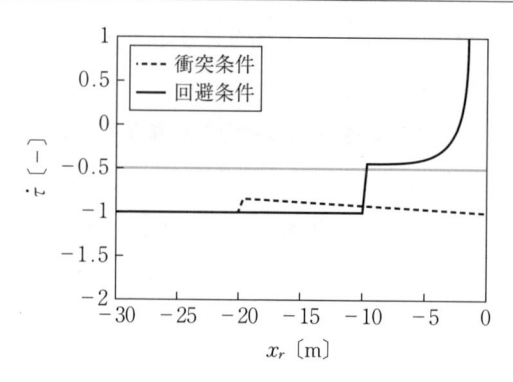

図 2.17 相対位置に対する $\dot{\tau}$ の推移

突する。一方，回避条件では減速開始の$-10\,\mathrm{m}$の時点で$\dot{\tau}=-0.45$となり，-0.5を超えた値を示しており，適正な減速の状態であることが評価されて結果的に衝突を回避している。

同様のシミュレーション条件で，$\mathrm{TTC}_{2\mathrm{nd}}$の時系列推移を図 2.18 に示す。自車の減速開始前までは相対加速度が 0 のために TTC で算出し，減速開始後は$\mathrm{TTC}_{2\mathrm{nd}}$の値を採用することで減速行動前後の衝突までの時間を評価する。衝突条件では，自車減速開始後も，減速度が不十分であることから，$\mathrm{TTC}_{2\mathrm{nd}}$の減少傾向が継続しており，現状の減速は適正でないことが評価されている。一方，回避条件では，自車減速開始後の$\mathrm{TTC}_{2\mathrm{nd}}$は，減速度が十分なため減速を

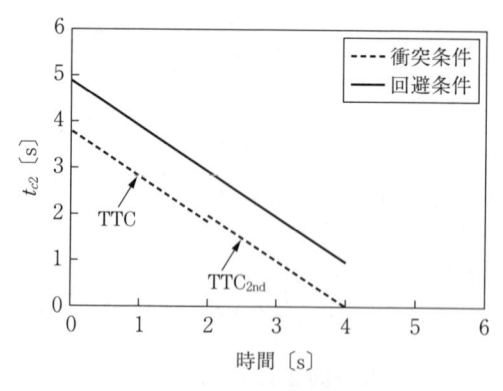

図 2.18 $\mathrm{TTC}_{2\mathrm{nd}}$の時系列推移

2.5 指標間の関係性に関する考察

開始した 4 s 以降は衝突余裕時間が定義されなくなることから，減速が適切であることが評価されている。

つぎに，相対位置に対する MTC の推移を**図 2.19** に示す。衝突条件では，MTC が約 2 の時点で減速を開始するが，衝突に対するマージンへの影響はほとんどないまま衝突している。一方，回避条件では減速開始時（-10 m）の MTC が約 1 と小さいが，-6.9 m/s^2 の減速行動によって，この値を極小値として減速後は増加しており，減速が適切であることが評価されている。

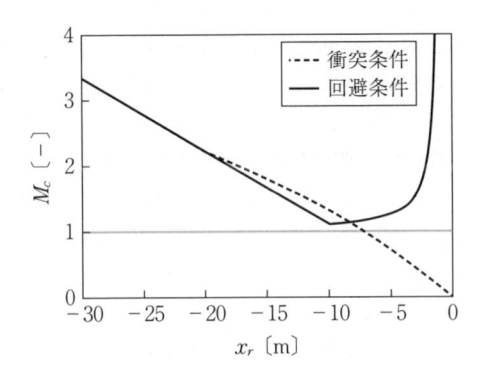

図 2.19 相対位置に対する MTC の推移

以上，本章では追突リスクを評価する 11 種類の指標の定義や特徴を整理した。指標算出に用いる変数の違いによって，① 2 車両の相対関係だけで規定される指標，② 2 車両の状態によって規定される指標，③ ドライバの減速行動の適切さを評価する指標に分類することができる。これらの特徴を踏まえながら，追突リスク評価の狙いに合った指標を選択していくことが必要である。

相対速度と車間距離が同じで自車速度が異なる場合と，追突する減速度と回避できる減速度における各指標の変動を整理した。相対速度と車間距離が同じであっても自車速度の高さに応じてリスクを高く評価する指標や，不適正な減速状態と適正な減速状態が指標によってどのように表現されるかが明確になった。

引用・参考文献

1) W. V. Winsum and A. Heino: Choice of time-headway in car-following and the role of time-to-collision in-formation in braking, Ergonomics, Vol. 39, No. 4, pp. 579-592 (1996)
2) D. N. Lee: A theory of visual control of braking based on information about time-to-collision, Perception, Vol. 5, Issue 4, pp. 437-459 (1976)
3) T. B. Wilson, W. Butler, T. V. Maghee, and T. A. Dingus: Forward-looking collision warning system performance guidance, SAE paper, 970456 (1997)
4) 平岡敏洋, 髙田翔太：衝突回避減速度による衝突リスクの評価, 計測自動制御学会論文誌, Vol. 47, No. 11, pp. 534-540 (2011)
5) 森田和元, 関根道昭, 岡田竹雄：運転支援システムのためのドライバのブレーキ操作タイミングに関係する要因の解析, 計測自動制御学会論文集, Vol. 44, No. 2, pp. 199-208 (2008)
6) T. Kondoh, N. Furuyama, T. Hirose, and T. Sawada: Direct Evidence of the Inverse of TTC Hypothesis for Driver's Perception in Car-Closing Situations, International Journal of Automotive Engineering, Vol. 5, No. 4, pp. 121-128 (2014)
7) 伊佐治和美, 津留直彦, 和田隆広, 今井啓介, 土居俊一, 金子 弘：前後方向の接近に伴う危険状態評価に関する研究（第1報）：ドライバ操作量に基づく接近離間状態評価指標の提案, 自動車技術会論文集, Vol. 38, No. 2, pp. 25-30 (2007)
8) P. Barber and N. Clarke: Advanced collision warning systems, IEE Colloquium, Vol. 234, pp. 2/1-2/9 (1998)
9) T. Kondoh, T. Yamamura, S. Kitazaki, N. Kuge, and E. R. Boer: Identification of Visual Cues and Quantification of Drivers' Perception of Proximity Risk to the Lead Vehicle in Car-Following Situations, Joural of Mechanical Systems for Transportation and Logistics, Vol. 1, No. 2, pp. 170-180 (2008)
10) 伊佐治和美, 津留直彦, 和田隆広, 土居俊一, 金子 弘：接近離間状態評価指標を用いたブレーキ開始タイミングの解析, 自動車技術会論文集, Vol. 41, No. 3, pp. 593-598 (2010)
11) 北島 創, 久保 登, 荒井紀博, 片山 硬：映像記録型ドライブレコーダによる追突事故発生メカニズムの解析, 自動車技術会論文集, Vol. 38, No. 4, pp.

191-196 (2007)
12) 近藤崇之, 廣瀬敏也, 古山宣洋：先行車への接近場面における個人適応型リスク式の提案, 人間工学, Vol. 50, No. 6, pp. 350-358 (2014)
13) 丸茂喜高, 北島　創, 平岡敏洋, 伊藤　誠：先行車に対するドライバのリスク認知評価指標, 自動車技術, Vol. 62, No. 12, pp. 59-64 (2008)
14) 大山　正, 今井省吾, 和氣典二：新編感覚・知覚心理学ハンドブック, 誠信書房 (1994)

3 運転支援の基本的考え方

　人間の力だけでは，あらゆる場面において追突の回避を確実にすることはできない。機械システムの力を借りなければならない場合もある。しかし，実際にどのような支援をシステムが提供すればよいのかという問題は，さまざまな要因が複雑に絡み合うことから，答えがそう簡単に求まるようなものでもない。
　本章では，ドライバに対する運転の支援を考える際，どのようなことに注意する必要があるのかを，一般論から追突回避の問題に絞っていく形で説明していくことにしたい。

3.1　運転の責任と権限：人間中心の自動化と運転の支援

　機械・コンピュータの知能が高まった今日においては，自動車の運転操作の一部をシステムが行えるようになってきている。これは，運転操作の（部分的な）**自動化**（automation）といえるかもしれない。実際，最近の**自動運転**（autonomous driving）研究によると，運転操作の一部をシステムが代替することも，自動運転の一形態としてみなされる†。しかし，（少なくとも日本の）自動車界においては，運転操作の「自動化」という言葉の使用は，これまでは慎重に避けられてきた。実際，先行車への追従機能を有する**アダプティブクルーズコントロール**（adaptive cruise control, ACC）システムなども，運転の**部分**

---

† 例えば，下記などを参照。ただし，自動運転に関する議論は現在進行中であり，最新の議論をフォローされることを強く推奨する。http://www.nhtsa.gov/staticfiles/rulemaking/pdf/Automated_Vehicles_Policy.pdf（2015年3月現在）

的自動化（partial automation）というようには説明されてこなかった。その代わりに，**運転支援**（driving assitance, driver assistance）という表現がよく用いられる。

なぜ，運転操作の「自動化」ではなく，「運転の支援」という言い方をするのであろうか。まずその説明から始めることにしよう。

「自動化」という言葉を慎重に避ける風潮は，自動車の**運転支援システム**（driving assistance systems, driver assistance systems）の研究・開発に取り組むコミュニティに特異的に見られてきた。自動車に限定せず，広く**ヒューマンマシンシステム**（human-machine systems）の研究を行っているコミュニティでは，ACCのようなシステムに対して自動化という表現の使用はためらわない。そこでは，「自動化」とは，「人間が以前果たしていた，あるいは果たすことのできる機能をシステムやデバイスが人間の代わりに実行すること」[1), 2)] を意味すると解釈するのが一般的である。ある**タスク**（task）に着目した場合，自動化とは，必ずしもタスク全体の自動化である必要はなく，部分的であってもよい。この意味で，「ACCは，運転操作（ハンドル操作とペダル操作）のうち，車両の前後方向の制御に関する（部分的な）自動化である」ということができる（**図3.1**）。

完全に人間にとって代わるというわけではなく，部分的な自動化という考え

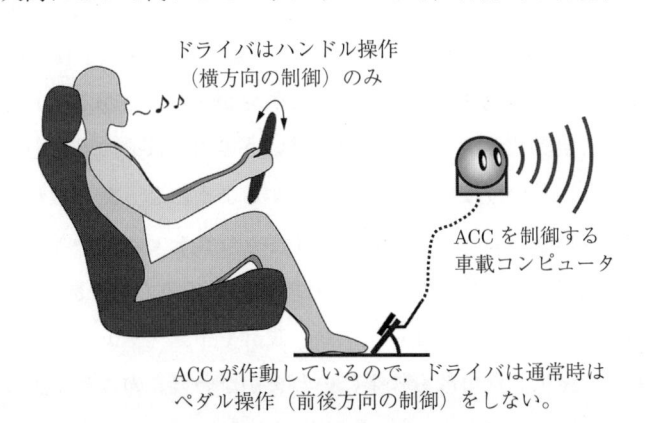

図3.1 タスクの一部の自動化（ACCを例に）

方を受け入れることができるならば,「何をどこまで自動化するか」ということが議論の対象となる。もともと,自動化は,少しずつ人に代わって機械が実行する範囲を広げながら進展してきたというのが一般的である。何をどこまで自動化するかを考える際,重要な視点が,**人間中心の自動化**（human-centered automation）[3), 4)]である。「人間中心の自動化」という考え方は,民間航空機の分野において最もまとまった形で整備された。Billings[3)]は,航空分野における人間中心の自動化の考え方を**表3.1**のように説明している。

表3.1 航空分野における人間中心の自動化の考え方

前　提	パイロットは飛行の安全に責任を持つ。
公　理	パイロットは飛行における指揮権を持たなければならない。
帰　結	（1）パイロットは（決定と操作に）積極的に関与しなければならない。 （2）パイロットには十分に情報が提供されなければならない。 （3）パイロットは自動化システムをモニタできなければならない。 （4）したがって,自動化システムはパイロットにとって予測可能なものでなければならない。 （5）自動化システムもまたパイロットをモニタできなければならない。 （6）パイロットも自動化システムも互いに相手の意図を知ることができなければならない。

人間中心の自動化とことさらに主張する必要が生じたのは,以前の自動化は必ずしも人間中心の設計になっていなかったことによる。以前は,システム設計者にとっては,運転員（旅客機の場合はパイロット）たる人は信頼できない対象であり,運転員は可能なかぎり排除すべきものとみなされる傾向にあった。しかしながら,自動化できる範囲にも限界があることから,人を排除すべく発展してきた自動化システムが,いざという場面ではその場にいる運転員に頼らざるをえないという皮肉な事態が発生するようになった。これを,**自動化の皮肉**（irony of automation）[5)]という。オペレータをできるかぎり排除しようとして出来上がった自動化システムは,運転員にしてみたら**不器用な**（clumsy）自動化であり,システムの動作ロジックの設計やインタフェースデザインの不適切さがもとで発生した事故も枚挙にいとまがない（このことに関して,詳しくは稲垣[6)]などを参照されたい）。自動化できるところを自動化し,自動化で

コラム

自動運転

　完全な自動運転が無理だとするならば，どのような自動運転なら可能であろうか。本書執筆段階（2014年）において，自動運転の「レベル」を定義し，どのレベルの自動運転を実現しようかという議論が活発に行われている[7)~9)]。これらを概括して大まかにいえば，例えばつぎのようなレベルがありうる。すなわち，前後・横方向のいずれか，あるいは両者の制御が独立に行われるレベル（運転支援），前後・横方向の制御が協調的に行われ，ドライバによる監視を求めつつも平時はドライバの手放しを許すレベル，自動運転中はドライバによる監視を求めないレベル，ドライバの介入を一切求めないレベル，である。しかし，それぞれの自動運転レベルの定義の間には，微妙な差異があり，その微妙な差異が時に決定的な違いをもたらしうる。Aという定義におけるレベルXは，Bという定義におけるレベルYに相当する，という表現がいろいろなところで見られるのであるが，こうした対比は誤解を生みやすく，危険である。そもそも，そのようにきれいに対比できるのならば，いくつもの定義は不要なはずである。

　なお，自動運転を詳細に検討すればするほど，こうした「レベル」にうまく当てはめることが難しいことがわかってきている。また，本書の6章で述べるような，haptic shared controlについても，こうした自動運転のレベルの議論に含めて検討していくべきであろうとも思われる。

　いずれにしても，自動運転レベルの議論の進展は著しい。本書の刊行後においては，状況はどのようになっているであろうか。

きないところは運転員に任せるという方式は，設計者の都合が優先されてきたという意味で，**技術中心の自動化**（technology-centered automation）[4)]と呼ばれている。技術中心の設計に起因して思わぬトラブルや事故がいくつも起こったことへの反省から，人間中心の自動化が志向されるようになったのである。

　表3.1に示されているように，「人間中心の自動化」は，人間（パイロット）が運航の安全に関する最終的な責任を負うことを大前提としている。実際，数百名もの乗客の生命の安全について，パイロットは法的にも道義的にも責任を負っている。だからこそ，パイロットが責任を適切に全うできることを重視して，自動化システムはパイロットの活動を支援するという立場をとることが重

要である。

　自動車の運転においても，民間航空機のパイロットほどには大きな責任ではないとしても，車両の運転の安全の責任を負うのはドライバである。このことは，単なるお題目としてだけではなく，法的にも根拠がある。国際的には，道路交通に関するウィーン条約（**ウィーン道路交通条約**（Vienna convention on road traffic），1968年）が知られている。ウィーン道路交通条約の 2006 年度版では，つぎのように謳われている。

"Every driver of a vehicle shall in all circumstances have his vehicle under control so as to be able to exercise due and proper care and to be at all times in a position to perform all manoeuvres required of him."（Article 13.1）

　これは，概略を訳してみればつぎのようである。すなわち，すべてのドライバは，あらゆる状況において，必要・適切な注意を払い，必要とされるすべての操作を実行するべく，車両を管理下においていなければならない。これは表 3.1 と照らしてみれば，指揮権を持たなければならないという点（公理）に該当するかもしれない。

　日本国内では，**道路交通法**（road traffic law）によって，**安全運転**（safe driving）の義務が謳われている。これは，表 3.1 でいえば前提に該当するとみることもできよう。これらのことを踏まえても，やはり自動車の分野においても，基本的には表 3.1 で論じられるような人間中心の自動化の考え方が適用されるべきであるといえよう。

　皮肉なことに，表 3.1 に示した人間中心の自動化の理念は，民間航空機の分野ではあくまでも学術上の理念にとどまっているにすぎず，システム設計のガイドラインなどの形で法的拘束力を持つに至っているわけではない。もちろん，法的な規制・基準の多くは，人間中心の自動化の思想と整合していると考えられるが，表 3.1 のような体系に沿ってガイドラインが構築されているというわけでは必ずしもない。その理由の一つとして考えられることは，人間中心

の自動化の思想が体系化される前から旅客機の開発・運用が進められてきたという事情はもちろんある。それ以外にも，旅客機のパイロットは，高度に訓練された専門職業人であり，利用するシステムの設計がどうであれ職責を全うすることが期待されている点を挙げることができるのではないかと考えられる。これに対し，一般の自動車のドライバは必ずしも高度な知識や経験を持ってい

コラム

運転の責任に関連する法律など

　自動車の運転に対する運転者の責任は，最も大きくは道路交通に関する国際条約で規定されている。道路交通に関する国際条約については，ジュネーブ道路交通条約（1949年）と，ウィーン道路交通条約（1968年）（最新版は2014年改定）とがある。日本が加盟しているのはジュネーブ道路交通条約の方である。ウィーン道路交通条約には，日本や米国は加盟していない。ジュネーブ道路交通条約でも，運転手がいなければならないこと，運転手がつねに車両を適正に制御していなければならないことが要求されているという意味では，ウィーン条約と同じように制約を受けていると考えてよい。

　なお，ウィーン道路交通条約については，自動システムが運転操作を行うことが許容される方向で修正が進められている。現段階では，ドライバが優先操作ができるか，無効にすることができるなどの条件を付けることになっているようだが，今後は，より積極的に自動運転を許す方向にシフトしていくことは容易に想定される。ウィーン道路交通条約に加盟しているのは，おもに欧州の国々であるため，欧州の自動車メーカの意向が強く反映されているのは間違いないといえよう。

　自動運転を考えるにあたっては，国連欧州委員会（UN/ECE）の規制も見逃せないようだ。本書は追突，すなわち前後方向の制御の問題を対象にしているが，あるシステムが「自動運転」と呼べるかどうかは，ドライバの「手放し」を許すかどうかにかかっている。UN-R 79「ステアリング装置に関する車両の承認についての統一規定」では，現時点では「手放し」が許されているのは駐車アシストなどを想定した，ごく低速度（10 km/hまで）とされる。しかし，この方面での世の中の動きはめまぐるしいものがあり，本書が世に出る暁には，このコラムがもはや陳腐化しているという事態も容易に想像できる。

　蛇足ながら，自動車損害賠償保障法との関連についても，考慮する必要はあるであろう。

ると期待することはできず，システム設計の良否が道路交通の安全性へより直接的に影響をもたらしかねない。このため，運転支援システムの設計には，ドライバへ与える影響についてよりいっそうの慎重さが求められているように思える。実際に自動車の分野では，行政的な規制などの形で，人間中心の自動化（あるいはそれに整合する考え方）が法的な拘束力を持ちつつあるとみることができる（図 3.2，巻末の付録 A.4 参照）。

ここで「自動化」という言葉の使用の問題に戻ってみよう。自動車のドライバが持つ知識や経験は，個人差のばらつきがきわめて大きいといえよう。このような状況の下で不用意に「運転操作を自動化する」と表現してしまったら何が起こるだろうか。人によっては，「ああ，それでは私は運転操作から解放され，責任も負わなくてよくなるのだ」と受け止めてしまうことも起こりうると考えておくべきであろう。この意味において，自動車の運転という文脈では，自動化という言葉の使用は事実上禁忌とされてきたといえる。もちろん，人間が「お客さん」としか位置付けられないような，いわば「システムが運転するタクシー」たる自動車が将来的には実現される可能性もないわけではない。その場合にはまさに「自動運転」というものとなる。しかし，このような究極的な「自動運転」の実現はなかなかに困難である。そこで，（人間にとって代わることを含意しかねない）自動化という言葉を使う代わりに，指揮権を持つ人間をサポートするシステムという意味を込めて「運転支援」という言葉が使われてきた。

自動車の運転支援がどのようにあるべきかということについては，日本における**先進安全自動車**（advanced safety vehicle，ASV）プロジェクトにおいて考え方が整理されてきた。ASV プロジェクトでは，航空界など他産業での事例などを参考にしつつ，じつに整然とした考え方をまとめている。具体的には，ASV の基本理念は，端的につぎの三つで表現される[10]。

- ドライバー支援の原則
- ドライバー受容性の確保
- 社会受容性の確保

3.1 運転の責任と権限：人間中心の自動化と運転の支援

なお，ASV の基本理念は，かならずしも人間中心の自動化の考え方をそのまま適用したものではない．しかし，表 3.1 の人間中心の自動化の考え方とおおむね整合するといえる．実際，ドライバー支援の原則としては，「あくまでもドライバーが主体的に，責任を持って運転する」という前提に立つということを明確に謳っている．さらには，この理念を詳細化した「運転支援の考え方」として，ASV では，**図 3.2** の八つの項目を挙げている．

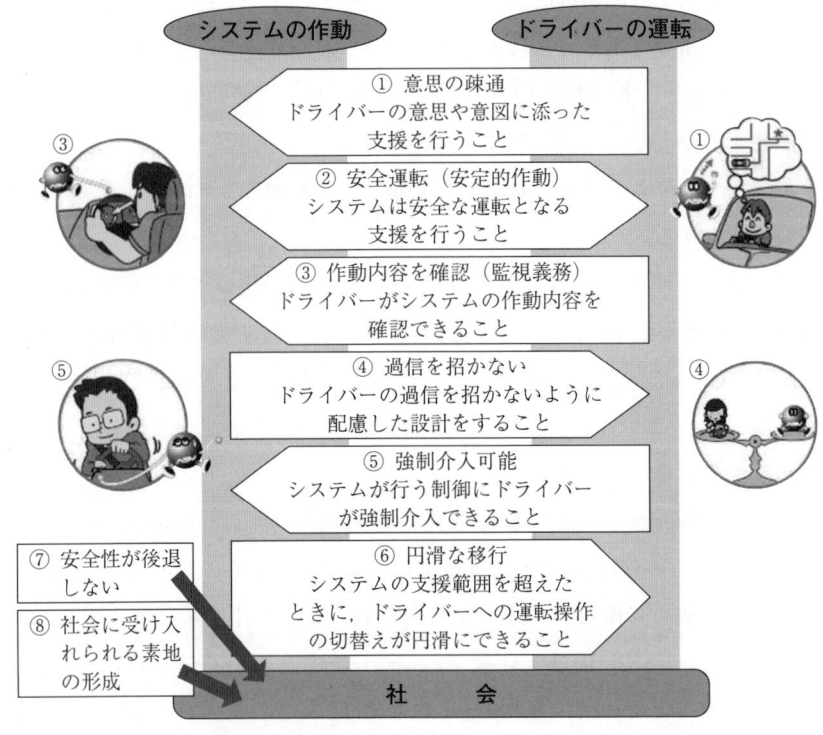

システムの作動		ドライバーの運転
	① 意思の疎通 ドライバーの意思や意図に添った支援を行うこと	
	② 安全運転（安定的作動） システムは安全な運転となる支援を行うこと	
	③ 作動内容を確認（監視義務） ドライバーがシステムの作動内容を確認できること	
	④ 過信を招かない ドライバーの過信を招かないように配慮した設計をすること	
	⑤ 強制介入可能 システムが行う制御にドライバーが強制介入できること	
	⑥ 円滑な移行 システムの支援範囲を超えたときに，ドライバーへの運転操作の切替えが円滑にできること	
⑦ 安全性が後退しない ⑧ 社会に受け入れられる素地の形成	社　会	

図 3.2 ASV で示されている運転支援の考え方[11]

ここで，図 3.2 の「① 意思の疎通」および，「⑤ 強制介入可能」は，ドライバが決定権を有していることの表れとみることができよう．

最近，自動運転に関する論議が活発である．近い将来に「自動運転」と称して売り出されるシステムは，人がタクシーのお客さんのように乗り込むものと

いうよりは，あくまでも人が安全運転の責任を負うものであろうと思われる。この意味での自動運転においては，図3.2の体系はかなりの部分がそのまま適用できるのではないかと考えられる。

3.2 支援のレベル（自動化のレベル）

運転支援システムの設計にあたっては，何をどこまで支援するかを適切に設定することが重要であることは論をまたない。前節で述べたことから明らかなように，「何をどこまで支援するか」という問いは，一般的には，「何をどこまで自動化するか」という問いとほぼ同義である。

運転支援システムの設計において，よりどころとすることのできる考え方をいくつか紹介する。

まず，初めに理解しておくべきものとしては，**自動化レベル**（level of automation）[12]がある。なお，この概念は，すでに述べている**自動運転のレベル**（level of autonomous driving）とはまったく異なる概念であることに注意が必要である。ここでいう自動化レベルは，ある意思決定と行動がどの程度自動化されうるかを言及するものである。

表3.2は，Sheridan[12]による10段階の自動化レベルに，Inagaki et al.[13]が提案した「レベル6.5」を加えた自動化レベルを示したものである。これは，行為の選択と実行に関し，すべてを人間が行うレベル1から，すべてをコンピュータが行うレベル10までの間で，実際にありうるいくつかの形態を示したものである。ただし，レベル6.5を含めた11段階ですべての可能性が網羅されているわけではない点に注意する必要がある。重要な点は，**最終決定権**（final authority）を人間が持つべきであるという意味での人間中心の自動化に厳密に従うかぎり，安全にかかわるような重大な決定や操作については自動化レベル5を超えることは許されないということである。実際に，今日実用化されている運転支援システムのほとんどは，自動化レベル5以下になっている。例えば，2000年代半ば頃から普及し始めたACCの**低速追従機能**（low-speed

3.2 支援のレベル（自動化のレベル）

表3.2 自動化レベル[12), 13)]

(1)	コンピュータの支援なしに，すべてを人間が決定・実行．
(2)	コンピュータはすべての選択肢を呈示し，人間はそのうちの一つを選択して実行．
(3)	コンピュータは可能な選択肢をすべて人間に呈示するとともに，その中の一つを選んで提案．それを実行するか否かは人間が決定．
(4)	コンピュータは可能な選択肢の中から一つを選び，それを人間に提案．それを実行するか否かは人間が決定．
(5)	コンピュータは一つの案を人間に呈示．人間が了承すれば，コンピュータが実行．
(6)	コンピュータは一つの案を人間に呈示．人間が一定時間以内に実行中止を指令しないかぎり，コンピュータはその案を実行．
(6.5)	コンピュータは一つの案を人間に呈示すると同時に，その案を実行．
(7)	コンピュータがすべてを行い，何を実行したか人間に報告．
(8)	コンピュータがすべてを決定・実行．人間に問われれば，何を実行したか人間に報告．
(9)	コンピュータがすべてを決定・実行．何を実行したか人間に報告するのは，必要性をコンピュータが認めたときのみ．
(10)	コンピュータがすべてを決定し，実行．

following, LSF）の場合，先行車を捕捉していて，システムによる追従が実行可能な場合，表示によってそれを知らせるが，ドライバが「セット」ボタンを押して初めて自動追従が行われる仕組みとなっている．これは，自動化レベル5に相当するといえよう．

しかし，いついかなる場合も自動化レベル5以下を要請することは，かえってドライバを厳しい立場に置くことになりかねない．この問題を，追突回避について考察してみよう．

先行車と等速で走行していたところで，あるとき突然先行車が減速を開始し，停止に至るものとする．自動化レベル5でシステムを構築すると，先行車との車間が急激に狭まりつつある中で，「追突を回避するためにブレーキをかけましょうか？」とシステムが提案し，ドライバがそれを了承して初めてシステムによるブレーキがかかることになる（**図3.3**（a））．しかし，このデザインでは，ドライバが了承しないかぎり，事故は回避できない（図中の破線）．この場合，ドライバの**覚醒度**（arousal level）が低下していた場合などでは，手遅れになることがあることは明らかであろう．

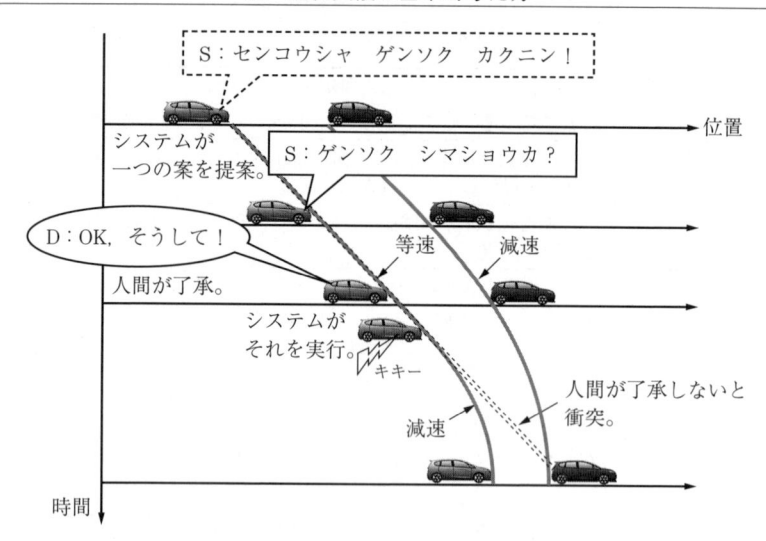

（a） 自動化レベル5による自動減速

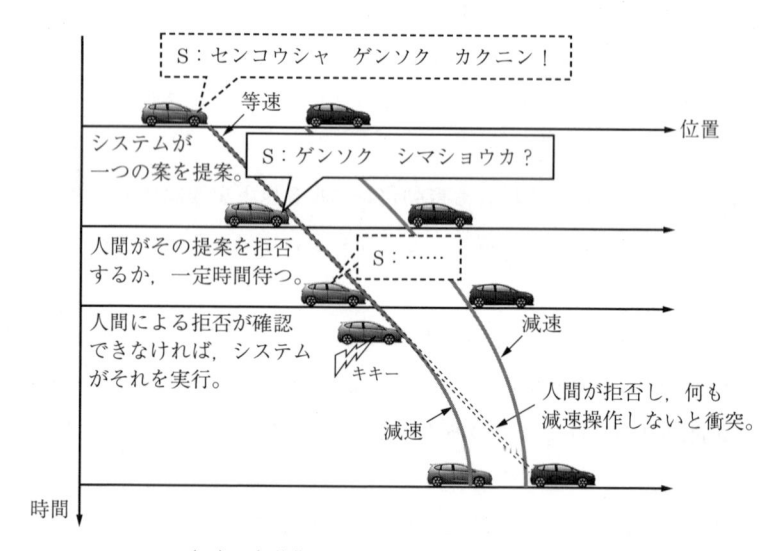

（b） 自動化レベル6による自動減速

図 3.3 AEBシステムにおける自動化レベルの違い
（S：システム，D：ドライバ）

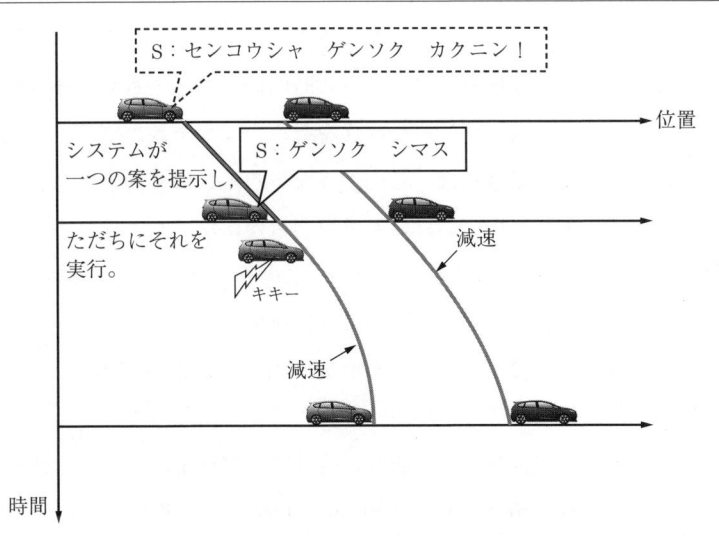

3.2 支援のレベル（自動化のレベル） 63

S：センコウシャ　ゲンソク　カクニン！

S：ゲンソク　シマス

システムが
一つの案を提示し，
ただちにそれを
実行。

キキー

減速

減速

位置

時間

（c）　自動化レベル6.5による自動減速

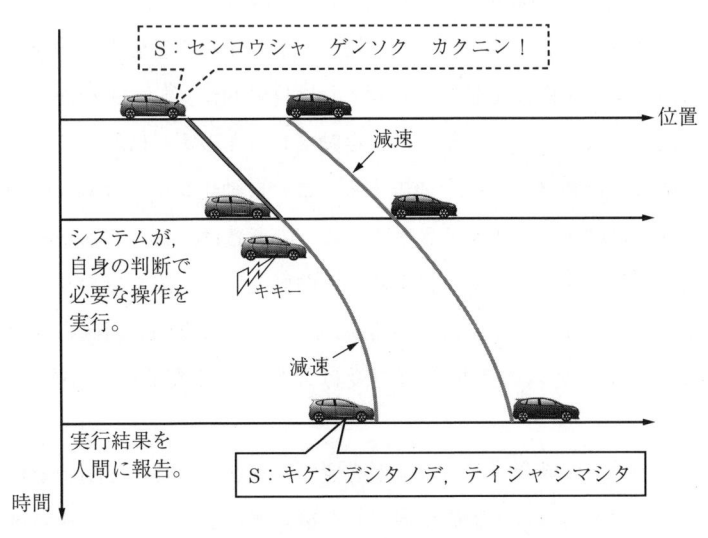

S：センコウシャ　ゲンソク　カクニン！

システムが，
自身の判断で
必要な操作を
実行。

キキー

減速

減速

実行結果を
人間に報告。

S：キケンデシタノデ，テイシャ　シマシタ

位置

時間

（d）　自動化レベル7による自動減速

図 3.3　（つづき）

自動化レベル6ではどのようになるだろうか。これを，図3.3（b）に示す。システムは，ブレーキ操作を提案し，一定時間待ったところでドライバが拒否しないかぎり，システムがブレーキ操作を行う。システムのブレーキ操作のタイミングをうまく設定できれば，このようなデザインは有効かもしれない。しかしながら，これまでの章における考察で明らかになったように，先行車の減速が急な場合には，「一定時間待つ」ということができないこともある。なお，ここでの「一定時間」とは，ドライバに判断を依頼し，その後しかるべき検討をする時間をドライバに行ってもらう必要があることから，例えば「1秒だけ待ちました」というのは「一定時間待っ」たことにはならない。

そこで，システムが必要だと判断した時点で，ドライバの判断を待つことなく，システムが制御に**介入**（intervention）する方式を考えることができる。これは，自動化レベル6.5に相当する（図3.3（c））。すでに商品としてさまざまな車両に搭載されている**衝突被害軽減ブレーキ**（autonomous（あるいは，advanced もしくは automatic）† emergency braking system，AEB system）では，追突が避けられない状況に至った場合，ドライバの意思表示がなくても，システムがブレーキ操作を必要と判断すれば自動的にブレーキをかける。こうした衝突被害軽減ブレーキの多くは，自動ブレーキの実行に際して警報音と視覚表示によって自動ブレーキを通告する。この自動化レベルは6.5に相当するといえよう。自動化レベルを6.5とすることの意義は，システムが制御を実行する意図を明確に人に伝える点にある。人間側としては，もはやシステムの制御を拒否することはできないのであるが，システムの意図を明確に理解することによって，システムの制御実行を受け入れやすくなることが知られている[13]。

自動化レベル7の場合，システムが必要だと判断した時点で制御を自律的に実行する。ドライバへは，制御が完了した後に報告を行う。世界初の自動回避ブレーキとして注目されたVolvo社のCity Safety（5.1節のコラム参照）の場

---

† autonomous, automatic, advanced などさまざまな表記があるが，autonomous とするのが最近では一般的になりつつあるようである。

合，自動ブレーキの実行に際して事前の警報などの通告はなされない。事後には，視覚表示で自動ブレーキが作動した旨の確認が可能である。このことから，City Safety の自動化レベルは 7 だということができる（図 3.3 (d)）。

　AEB システムがすでに普及していて社会的に受容されていることからわかるように，自動車の運転支援システム設計においては，人間中心の自動化の理念，すなわち，ドライバが主体であってドライバが重大な意思決定には必ず関与しなければならないとする考え方は，すでに部分的に破られている。今後は，このことを明確に反映して，運転支援の考え方を整理することが必要になってくるといえよう。ここでの重要な考え方は，状況に応じて誰が主体的に安全確保の判断を下すべきかを柔軟に変更すべきであるとするもので，**状況適応的自動化**（situation-adaptive automation），あるいは単に**アダプティブオートメーション**（adaptive automation）[14] と呼ばれている。アダプティブオートメーションに基づくシステムの自律的安全制御は，民間航空機の分野においても必要な場合があることが従来から指摘されてきた[15] が，自動車の分野では，適用可能範囲がより広いと考えられる。

3.3　支援のフェーズ（自動化のフェーズ）

　前節で述べた自動化レベルは，行為の選択と実行に限定したものであるが，「人間が以前果たしていた，あるいは果たすことのできる機能」としては情報の収集や分析もあり，その側面についても自動化を考えることができる。人間の行動を，情報処理のプロセスとしてみた場合，図 3.4 のように四つのフェーズに分けて考えることがある。人間の**知覚**（information acuisition），**状況理解**（information analysis），**行為選択**（decesion selection），**行為実行**（action im-

知覚 → 状況理解 → 行為選択 → 行為実行

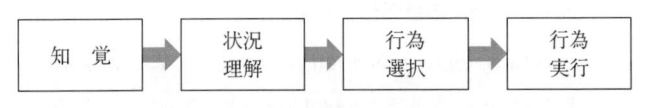

図 3.4　人の情報処理プロセスのモデル

plementation）それぞれについて，支援（自動化）を考えることができる[2]）。

各フェーズにおける支援のあり方についての詳細については，稲垣[6]）を参照されたいが，ここでは以下でごく簡単に俯瞰してみよう。

ASV を含め，日本における自動車の運転支援研究では，知覚・状況理解に相当する部分を合わせて**認知**（recognition）と呼ぶことが多い。この意味での「認知」における支援として，稲垣[6]）は，知覚機能の拡大・強化と，状況理解の支援を区別している。知覚機能の拡大の事例としては，ヘッドランプの配光動的制御や，暗視画像の提供などが挙げられよう。**図 3.5** は，知覚機能の拡大の例としての adaptive driving beam（ADB）である。これは，基本的にはハイビームとし，前方の視認性を高めている。対向車がある場合には，対向車に向かう光を抑えることによって，対向車に幻惑を与えることを抑制する。図 3.5 では，ADB によって左前方路側にいる歩行者を視認しやすくなっている。

図 3.5 知覚機能の拡大の例（adaptive driving beam）（上：ロービーム，下：ADB）

状況理解の支援としては，常時提供される情報提供と，状況に応じて適宜提供される**注意喚起**（attention arousal）とを分けて考えるとよい。前者の情報提供としては，運転支援の文脈とは多少異なるが，カーナビの地図画面や，燃費計などをイメージするとよいであろう。他方，ASV をはじめ，いくつかのプロジェクトにおいて，**路車間通信**（road-to-vehicle communication）ないし**車車間通信**（intervehicle communication）を前提とした，障害物などの存在を知らせる注意喚起システムの研究が盛んに行われている。これらは，知覚そのものを支援しているわけではなく，状況の理解を支援するものであり，注意喚

起の一つと捉えればよいであろう．

　行為選択における支援は**警報**（warning, alarm）であり，具体的な行為を促す．「認知」における支援では，特定の行為を要求するものではない点に注意が必要である．警報システムについては，設計の考え方や課題などについて，4章で詳細に議論する．

　なお，「注意喚起」について，一つ注意を喚起しておく．注意喚起が提供されるべき場面は，潜在的に危険な状況が起こりつつあるが，現段階では差し迫った危険ではなく，まだ迅速な回避行動が必要なわけではないという状況である．ここでは，（ⅰ）先行車追従中に先行車がじりじりと接近してくるというような，目で見てある程度の危険を感じることのできる場合と，（ⅱ）見通しの悪い交差点において交差車両がいるようであるというような，本当に危険が迫っているのかどうかわからないが，とにかく注意が必要であるという場合とに分けられる[16]．前者は，警報の閾値（しきいち）をどう設定するかという問題と密接に関係しており，追突警報を2段階で発する場合には，接近が検知された際の第一弾警報が注意喚起に相当する．また，4章で詳述するPDCAに基づく情報呈示も，注意喚起に相当するといえよう．すなわち，ここでの注意喚起は**予備警報**（preliminary warning, preliminary alarm）であり，いつでも回避行動をとれるように備えよ（身構えよ），ということを促すものである（**図3.6**（a））．他方，後者は，本当に危険なものがあるかどうかわからないので，とにかくそちらに注意を向ける必要があるという意味で，まさに「注意」を喚起するためのものである（図3.6（b））．これは，必ずしも身構えることを求めるものではないことに注意しなければならない．

　行為実行の支援には，**運転負荷軽減**（workload reduction）のための制御と，**衝突回避**（collision avoidance）（**衝突被害軽減**（collision mitigation）も含む）のための制御とに分けられる．追突の問題においては，自動ブレーキを想像すればよいであろう．これについては，その設計における考え方と課題について，5章において詳細に議論する．

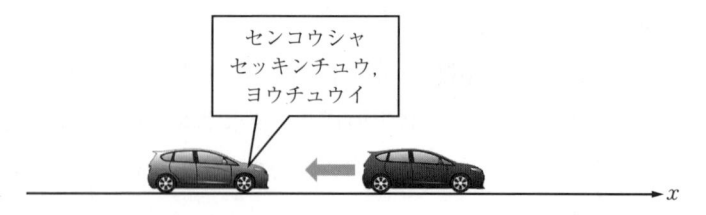

（a）すぐにでもブレーキを踏めるように身構えることが必要なとき

（b）ゼンポウの不確実性が高くて注意が必要なとき

図 3.6　注 意 喚 起

3.4　意思決定の階層

　人間の行動は一般に階層的である。例えば，ある目的地へ向かって自動車に乗って移動中である場合，Aというルートで行くか，Bというルートで行くか，途中の混雑状況などを考慮に入れて判断しなければならない。その選択の結果として，Aというルートで行こうとする場合，Aに行くために適切なタイミングで**車線変更**（lane change）をするなどの具体的な行動に落とし込まなければならない。また，車線変更を実行するにあたっては，周囲の状況を知覚し，現在の状況が安全かどうかを評価し，いつ車線変更をするかを判断し，しかるべきタイミングで実行する，というように，さらに具体的な行動に落とし込む必要がある。こうした行為の階層性は，**戦略レベル**（strategic level），**戦術レベル**（tactical level），**操作レベル**（operational level）に分けて考えることが一般的である[17), 18)]。高次のレベルで人間の意思が確認できていれば，低次の判断階層では高度な自動化レベルが許容されることもある。例えば，高速度域で作動するACCシステムは，先行車がいない場合には，ドライバがあら

かじめ指定した速度（設定速度）を維持する制御を自動的に実行する（定速走行モード，図 3.7 (a)）。設定速度よりも遅い先行車がある場合には，先行車との安全な車間を保ちつつ，先行車に追従する（追従走行モード，図 3.7 (b)）。ACC システムが作動を開始するには，ドライバの明確な意思表示を必要とする。しかし，いったん ACC の制御が開始されたら，定速走行モードと，追従走行モードの切替えは自動的に行われ，通常，そこにドライバの判断が介入すべきとは考えられていない。

設定車速 100 km/h　　90 km/h　　90 km/h

（a）定速走行モード　　（b）追従走行モード

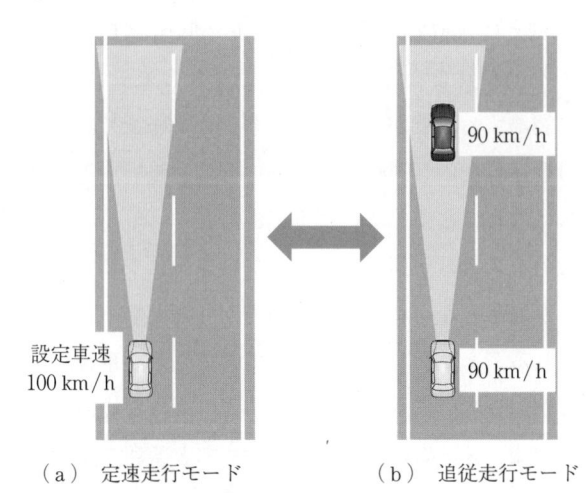

図 3.7　ACC のモード切替え

今後の自動運転を考察する場合などでは，どの意思決定のレベルにおける自動化を想定するのかを考慮する必要があると考えられる。

3.5　運転支援システムの設計におけるヒューマンファクタの課題

自動化を運転支援と言い換えたところで，システムのデザインがうまくいくことを保証するものではない。具体的な運転支援システムの設計は慎重に行われなければならない。特に，以下のことに留意が必要であろう。

〔1〕ワークロードの適正化

〔2〕 状況認識の共有
〔3〕 人とシステムの相互の意図理解
〔4〕 過信・不信の抑制
〔5〕 リスク補償の抑制
〔6〕 スキルの低下

より一般的なヒューマンマシンシステムにおいては，自動化機械が有する複雑なモードに起因する**モード誤認識**（mode confusion）の問題などにも配慮する必要がある．例えば，ACCの高速域モードと低速域モードとでは先行車を見失ったときの挙動が異なる場合があり，いずれのモードでACCが動作しているかを適切に認識することが必要となる事例があった[19]．しかし，いまのところ自動車の自動運転ないし運転支援においては，モード誤認識が致命的となるようなケースはそれほど多くないようである．

むしろ，複数のシステムが同時あるいは矢継ぎ早にドライバに働きかける場合に，ドライバが混乱しないような配慮の方が問題となるだろう．例えば，前方に二手に分かれるジャンクションが迫ってきており，車線変更して右の方へ進めとカーナビがいっているものとしよう．このような場面で，右後側方から他車が接近し，警報システムが車線変更をやめろと警報を呈示するようなことがあると，ドライバが混乱しかねない．これらのシステム間の調和が必要となるが，そこでのキーワードの一つがつぎに示すワークロードである．

〔1〕 **ワークロードの適正化**

ワークロード（workload）とは，作業負荷そのものと，作業の実施に伴って生じる人間への負担の二つの側面があるが，ここでは後者の負担を指すものとする．人間が実際に感じる負担としてのワークロードには，肉体的，精神的（メンタル）いずれもある[20]．ワークロード，特にメンタルワークロードは，高すぎると必要な処理ができない（**図3.8**の状態B，C）が，低すぎても覚醒度低下などによってむしろパフォーマンスは悪くなりうることが知られている[21]（図3.8の状態D）．したがって，ワークロードを，ある適正な範囲内に収めることが重要となる．図3.8の状態A1，A3では，努力してパフォーマン

コラム

低速域 ACC

　ACC は，本来先行車の存在しか認識しない．センシングとしては，ミリ波レーダなどを使って，自車前方に移動物体があるかないかを識別する能力のみを持つ．信号があるかないか，車線がどうなっているか，ということは考慮の外である．ACC は，一定速度を維持する**クルーズコントロール**（cruise control, CC）が基になっている．この CC に，遅い先行車がいたときに車間を維持する能力を持たせたのが ACC である．当然，ACC の使用は高速道路などの自動車専用道が想定されてきた．

　一方で，日本においては特に，高速道路における渋滞が重要な問題であり続けてきた．高速道路において延々と続く渋滞に巻き込まれたときに，加減速操作をこと細かく行い続けるのは負担が大きい．そこで，せっかく先行車に追従する機能を ACC が持つのであるから，それを渋滞時の追従に役立てることができないかと考えるのは，ごく自然な発想といえよう．低速域 ACC はこのような背景から生まれたと考えてよい．注意しなければならないのは，あくまでも高速道路などの自動車専用道での使用が前提である，ということである．

　通常の ACC（高速域 ACC）は，先行車がいなければ，CC としてドライバが設定した車速（設定速度）を保つ制御を行う．他方，低速域は，渋滞時の先行車追従を前提としている．高速道路においては，先行車がいないときに低速度を保って定速制御を行うというのは不自然であろう．そうかといって，先行車がいなくなったときに，元の設定速度（例えば時速 100 km）にただちに復帰してよいかというと，ことはそう単純ではない．首都高速のような，曲率半径の小さなカーブで一時的に先行車を見失うことは十分にありうる．そのようなときに強くシステムが加速したら危険な事態が起こらないとも限らない．このような懸念があることから，低速域 ACC では，先行車を見失ったらいったん制御解除，という設計がとられた．

　こうして，高速域 ACC と低速域 ACC とでは，先行車を見失ったときの対応が互いにまったく異なるものとなったのである．なお，今日では，高速域，低速域と分けず，**全速度域**（full-speed-range ACC, FSRA）のシステムになっていることが多い．

スを高レベルに保てているが，このような状態は長続きするとは限らない．

　まず，負荷が高すぎる場合を考えよう．非常に混雑・複雑な交通状況に直面

```
——— ワークロード
--- パフォーマンス
```

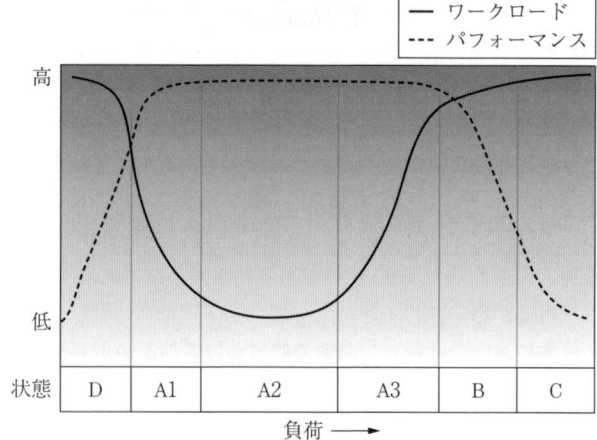

状態 | D | A1 | A2 | A3 | B | C

負荷 ⟶

A1：低負荷に努力で耐える
A2：最も望ましい状態
A3：高負荷に努力で耐える

図 3.8 ワークロードとパフォーマンス[21]

した場合には，ドライバが注意を向けるべき対象が多すぎ，そのドライバの能力を超えてしまいかねない。このような場合には，負荷そのものを下げることが効果的である[22]。例えば，速度を下げるように提案する，あるいは必要に応じて自動的にやや減速するなどのことがありえよう。このためには，環境がもたらす運転の作業負荷を評価できる技術が必要不可欠である。もし，システムが負担としてのワークロードを評価する能力を有するならば，ドライバの負担度合をモニタしつつ，必要に応じてきめ細やかにワークロードを下げるべく働きかけを行うことが可能となる（測定ベースのアダプティブオートメーション）[14]。

　他方，負荷が低すぎる場合を考えよう。交通量の少ない高速道路で ACC と**車線維持支援システム**（lane keeping assistance system，LKAS）（車両を車線内に維持するように自動的に操舵を行うシステム）を組み合わせて使用する場合を考えよう。この場合でも，すでに述べているように完全な自動化ではないため，ドライバはシステムの制御状況をモニタすることが求められる。しかるに，ドライバの負担が小さくなりすぎてしまえば，覚醒度の低下が起こるかもしれない。ドライバの負担が小さすぎる場合には，あえて運転操作の権限を

(一時的にでも)ドライバに戻すなどの対応を考慮すべきであろう。このような制御の権限の移行(システム⇒人間)を実現する方法として，人が自主的に制御を取り戻すものと，システムが主体的に制御をドライバへ戻すものとがありうる。前者は，ドライバの意思に従っていつなんどきでも行えるようにしておく必要がある。ドライバの同意なしに勝手にシステムが制御を手放すことのないように注意する必要があるが，後者のデザインが必要・有用な場合はありうる。システムが主体的にドライバへ制御を戻すことができるためには，ドライバの覚醒度をモニタする能力をシステムが有する必要がある。ドライバの覚醒度をモニタし，低覚醒状態を検出する技術には実にさまざまなものがある。詳しくは，大日方[23]を参照されたいが，運転操作から精度よく覚醒度低下を検出できる可能性もある[24]ことを指摘しておきたい。

〔2〕 状況認識の共有

状況認識(situation awareness)[25]とは，特別な意味を持つ技術用語であるが，ここでは一般的な意味での状況の認識として捉えておこう。

人と機械とでは，外界を認識する仕組みが異なる。このため，人にとっては当たり前に認識・理解できることが，機械にとっては困難なことがある。

例えば，ACCを考えよう。少なくとも初期のACCは，レーザレーダなどを使うのが一般的であり，レーザレーダがセンシングの対象とするのはおもに自車レーン内であった。したがって，**図3.9**のように隣のレーンから自車前方に割り込もうとする他車がいるとしても，実際にその他車が自車レーンに入り込むまでは，ACCシステムはその他車を認識できない。自車のドライバからしてみればすぐそこにいる他車が，システムには見えていないのである。

もう一つ例を挙げよう。旧来のACCは，道路上に停止している車両を認識することができなかった[26]。レーザレーダを利用するACCの場合，先行車にレーザ光を照射し，ブレーキランプにある反射板からの反射光を利用して先行車を認識するのであるが，センサの機構上，道路脇のガードレールのリフレクタなどとブレーキランプの反射板とを区別するすべがなかった。ガードレールのリフレクタに対して減速制御をしてしまうとかえって危険であるため，この

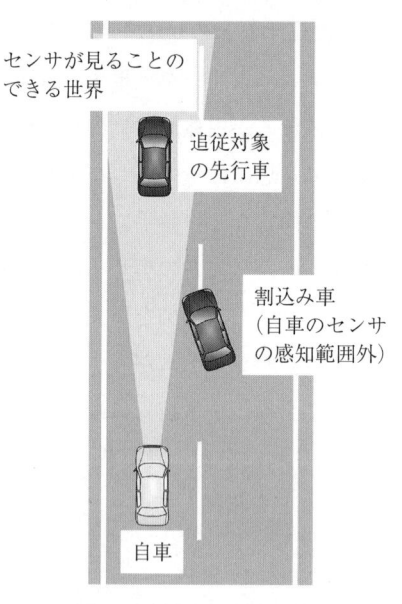

図の説明:
- センサが見ることのできる世界
- 追従対象の先行車
- 割込み車（自車のセンサの感知範囲外）
- 自車

図 3.9　見えない割込み車

ような認識能力の限界を持つセンサに依拠する以上は「停止している物体を無視する」という設計にせざるをえない．図 3.10 のように，目の前に車両が停止している場合であっても，ACC にはこの止まっている先行車は「いないのと同じ」であり，ACC は何の反応も示さない．人間にとっては当たり前に目の前に存在している「停止車両」がシステムにとってはないものとみなされるということについての共通認識が欠落すると，人とシステムとの間で停止車両の認識に齟齬が生じる．図 3.10 の場合，ドライバは，「システムは前方の停止車両を認識できているであろう．ACC は先行車に追従するシステムなのだから，前方に止まっている車両に対しても減速制御をしてくれるだろう」と思い込んでしまいかねない．そのような思い込みの下では，システムが何らの対応も示さないことに直面すると，「一体何が起こっているのだ？」とひどく驚くであろう．このような驚きは，**オートメーションサプライズ**[27]（automation surprise）と呼ばれる．

　人とシステムとの間で認識の齟齬がないと思い込むことの危険性をさらに実

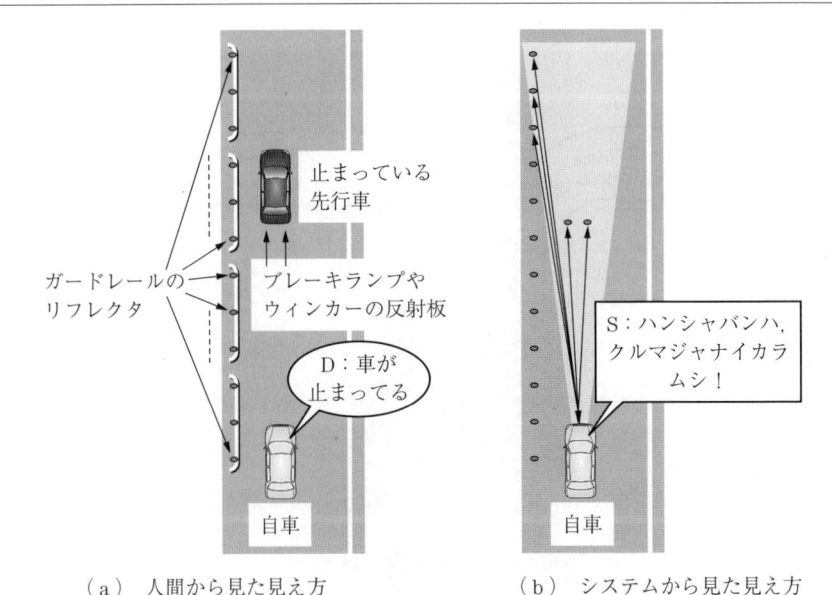

3.5 運転支援システムの設計におけるヒューマンファクタの課題

（a）人間から見た見え方　　　（b）システムから見た見え方

図 3.10 停止している先行車に対する認識の違い

感するために，**図 3.11** のような状況を考えよう．自車Ⅰは，遅い先行車Ⅲを追い越すために車線変更をしようとしている．システムは，自車のサイドミラーの死角に存在する車両Ⅱに気付いていて，車線変更をいったん思いとどまらせようとしているものとする．ドライバは，当該死角車両Ⅱの後方に位置するもう1台の車両の存在Ⅳには気付いているが，死角にある車両Ⅱには気付いていないものとする．この場合，「システムが車線変更をやめさせようとしているのは，後方の車両との衝突の危険があるゆえである」とドライバが誤解してしまうと，システムの動作に対して不信感を抱いてしまいかねない[28]．システムの検知失敗などに起因する不信感はやむをえないとしても，システムが（設計上）正しく動作しているにもかかわらず，ドライバの信頼を失うような事態は避けなければならない．

以上に示したように，人とシステムとの間で状況認識の共有を図ることは重要である．さらに，図 3.10 の例で示したとおり，人とシステムとの間で状況の認識の仕方が違うということに関する認識（メタ認識）をドライバが持つこ

76   3. 運転支援の基本的考え方

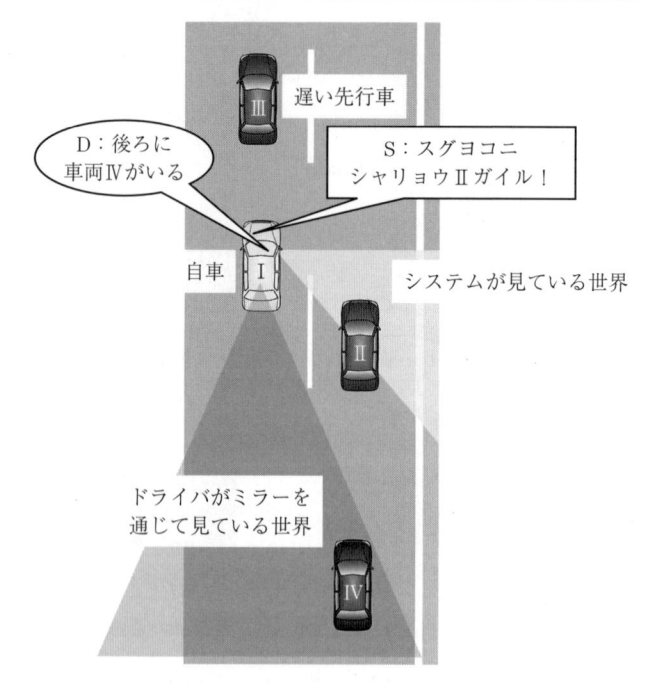

図中のラベル:
- III 遅い先行車
- D：後ろに車両IVがいる
- S：スグヨコニシャリョウIIガイル！
- 自車 I
- システムが見ている世界
- II
- ドライバがミラーを通じて見ている世界
- IV

図 3.11 衝突の脅威に関する認識の齟齬

とも重要である。

　だからといって，安直に，状況認識を支援するディスプレイをコクピット内に追加すればよいというわけでは決してない．もともと自動車の運転に際しては，ドライバ自身が外界に対して十分な注意を払う必要がある．そのような条件の下で，「このディスプレイを見て運転してください」というのは本末転倒である．では，いったいどうすればよいのか？　この問いに対する答えはあえて読者にゆだねる．ここがシステム設計者の腕の見せ所である．

〔3〕 **人とシステムの意図対立の抑制（プロテクションの可能性）**

　人とシステムとの間で状況認識を共有できたとしても，その場面で何をどうするかという「意図」も共有できるとは限らない．例えば，自車線中央に突然**歩行者**（pedestrian）が飛び出してきた場合を考えよう（**図 3.12**）．自車は車線中央を走行しているものとし，歩行者までの距離がごく近く，**ステアリング**

3.5 運転支援システムの設計におけるヒューマンファクタの課題

ドライバの真正面

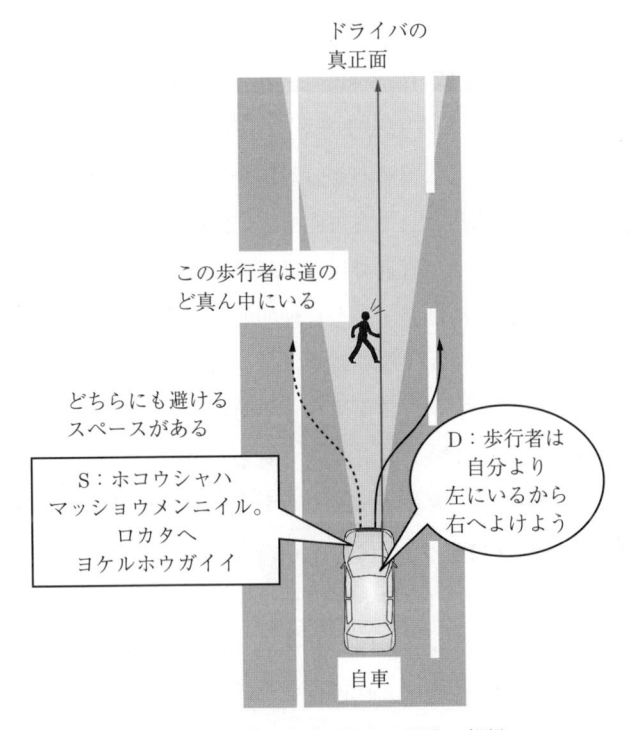

この歩行者は道のど真ん中にいる

どちらにも避けるスペースがある

S：ホコウシャハマッショウメンニイル。ロカタヘヨケルホウガイイ

D：歩行者は自分より左にいるから右へよけよう

自車

図 3.12 衝突の脅威に関する認識の齟齬

操作（steering maneuver）での回避が必要であるものとする（このような場合，制動だけでは衝突を回避できないが，操舵を用いれば衝突を回避できるときがある）。このとき，システムは，歩行者の位置を正確に車線中央にいるものと評価するだろう。もし自車の右側，左側いずれも障害となるものがなければ，回避すべき方向はどちらでもよいことになる。一方，車内右席に座っているドライバから見ると，当該歩行者は自分よりもやや左側に位置して見える（図 3.12）。このような場面では歩行者はドライバよりも左側に見えるため，ドライバは右方向へ操舵したくなる傾向があるという実験結果[29), 30)]が得られている。もし，右へも左へも，歩行者を回避するパスが存在するならば，ドライバの意思を尊重し，ドライバの意図する方向での回避をサポートするべきであろう。むやみにドライバの意図に背くことは，人間中心の自動化の理念に反

する。

　しかし，右側が**対向車線**（opposite lane）で，前方から**対向車**（oncoming vehicle）が来るリスクがあるとしよう。この場合，左側への回避をシステムは志向するであろう。もしドライバが，対向車が来る可能性に思いが至らない場合，そのドライバは依然として右方向を志向するかもしれない。実際，あまりに緊急性の高い場面では，直近で得られる情報の範囲内では合理的な判断ができても，それは大局的には必ずしも合理的とはいえない判断の場合があることが知られている[31]。このような場面では，システムとしては，必要とあれば人間の意図に背いてでも安全を確保すべきであろう。これは，**プロテクション機能**（protection function）[28]の設計問題である。

　プロテクション機能は，ドライバの入力を（物理的もしくは論理的に）拒否するタイプ（**ハードプロテクション**（hard protection））と，ドライバの制御入力をしにくくするタイプ（**ソフトプロテクション**（soft protection））とに分類される。ソフトプロテクションは，ドライバの不適切な操作を完全には防げないが，比較的ドライバに受け入れられやすい[28]。一方，ハードプロテクションは，ドライバの不適切な操作を防ぐことが可能であるが，ドライバには受け入れられにくい傾向がある。Itoh et al.[31]は，ハードプロテクションが受け入れられるための一つの条件として，ドライバが自身の状況認識の不十分さを自覚することを挙げている。これを，Itoh et al.[31]は，『盲導犬の「利口な不服従」の原理』と呼んでいる。すなわち，**図 3.13** のように，視覚障碍者が盲導犬と

図 3.13　利口な不服従

ともに外出しているとき，ユーザ（視覚障碍者）の指示に従うとユーザに危険をもたらすことになると盲導犬が判断した場合には，その盲導犬はユーザの指示にあえて抵抗するように訓練されている．この「利口な不服従」が成立するのは，ユーザが，自身の目が見えていない（状況認識が不十分である）ことを自覚していることに起因していると考えられる．プロテクションシステムにおいても，ドライバが，自身の状況認識が十分でないことを自覚できているならば，システムによる「利口な不服従」はドライバに受け入れられる余地があるのではなかろうか．ただし，人間と盲導犬との間には，強固な信頼関係が確立されていることは，付言しておかねばなるまい．

前後方向の制御に関するプロテクションシステムの例としては Mulder et al.[32] による**ペダル反力フィードバック**（haptic gas pedal feedback）システムを挙げることができる．これは，先行車に接近した際，さらなる接近を抑止するために，アクセルペダルを戻すような**力覚**（haptic）フィードバックをドライバに提供するものである．これは，ソフトプロテクションに相当する．また，欧州で取り組まれた研究事例に **ISA**（intelligent speed adaptation）[33] というものがある．ISA は，市街地などの特定の地域に入ると，GPS や路車間通信などによって自動的にスピードリミッタが作動するものである．そこでは，制限速度を超えそうな場合，それ以上ペダルを踏み込めないようにすることも検討されていた．また，大型トラックなどに搭載されている**速度抑制装置**（speed limiter）は，ペダル操作はできるものの，燃料供給を遮断してしまう方式である．これら二つは一種のハードプロテクションといえよう．

なお，人とシステムとの間の意図の対立は，価値観に起因する問題もある．例えば，遅い先行車に追従している場面で，追い越しをするか否かを考えよう．追い越しを必要とするかどうかは，そのドライバの価値観（遅い車に追従することが耐えられない，など）や，そのときの状況（急いでいて，少しでも早く目的地に着きたい，など）に依存する．自動運転システムの設計を考える場合，自動的な追い越しを行うかどうかは論点の一つとなりうる．もし，不必要な追い越しを好まないマイルドなドライバが，やたらにアグレッシブに追い

越しをしようとするシステムを利用するとしたら何が起こるだろうか。追い越しをすべく車線変更を自動的に行うたびに，システムの自動車線変更をキャンセルすべく一時的に**オーバライド**（override）するという行為が頻発しかねない。逆に，可能な限り追い越しをしていきたいドライバが，遅い先行車に追従するだけのシステムを利用する場合はどうだろうか。遅い先行車に追い付くたびに，イチイチ追い越しをシステムに指示しなければならないとすれば，たいへん面倒であろう。そんなことをするくらいなら，初めから自分で運転する方がよいかもしれない。

〔4〕 過 信 の 抑 制

運転支援システムへの不適切な不信はもちろん，システムに対する過信も防ぐ必要がある。**過信**（overtrust）という概念は正確な定義が意外に難しい。研究者・技術者どうしで概念を共有できずに，議論が混乱することは必ずしも珍しいことではない。そうした混乱を引き起こす基の一つに，**信頼**（trust）には，心象としての意味と，行動としての意味の両方を持ちうることにある。「信頼」とは，「信」じて，「頼」る，ものである。「信じる」こと自体はその人の頭の中の心象に過ぎない。一方，具体的に何かの行為を相手に託すのが「頼る」ことであり，これは行為である。現実に問題となるのは，過度な「頼」である。ここでの「頼る」は，英語では rely on にあたるため，**依存**（reliance）と表現することがある。この意味での「依存」は，単に「頼る」，すなわち，何かのタスクの遂行を相手に託すことに過ぎず，それ自体にネガティブな意味は持たない。相手が自動化システムであるから，rely on は，use と同義である。したがって，**適切な依存**（appropriate reliance, appropriate use）はありうる。「頼」が過剰であること（過度な依存）がよくないのである。

「頼」が過剰であることには，頼る側がなすべきことをしなくなることと，頼るついでに余計なことをやりだすことの，二つのカテゴリーがある。前者は，例えば，自動化システムが適切に作動しているかの**監視**（monitoring）を怠ることが該当する。後者は，いわゆる**リスク補償**（risk compensation）行動がその典型であり，つぎの項目〔5〕において詳説する。

3.5 運転支援システムの設計におけるヒューマンファクタの課題

　自動車の運転の主体がドライバにあるならば，運転支援システムが作動中，ドライバはそのシステムの作動を監視しなければならない。しかし，人は，さまざまな理由によってその監視を怠りうる。あるいは，システムの不適切な作動を見過ごしてしまう。その理由の一つは，単なる人の怠慢であるが，決して怠慢ではない場合であるにもかかわらず，そうした見過ごしが起こる場合がある。それが，「信」の過剰な状態，すなわち「過信」状態にある場合である。

　ここでの「信」は，英語では trust と呼ばれる。過信とは，trust が過大である状態をいうが，それにはさまざまな態様がある。Lee and Moray[34] によると，trust は，つぎの四つの次元を持つ。

　目的：システムの意図・動機が納得できるものであること
　方法：行動を実現するための方法，アルゴリズム，ルールが理解できること
　能力：終始一貫して，安定的かつ望ましい行動や性能が期待できること
　基礎：自然界を支配する法則や社会の秩序に合致していること

　これらのうち，基礎を除く三つの次元について，それぞれに過信が起こりうる（例えば，伊藤[26]）。

　能力の次元における過信とは，例えば，信頼度の過剰評価（100％の**信頼度**（reliability）を持つものではないシステムに全幅の信頼を寄せてしまうこと）が挙げられる。

　方法の次元における過信は，エアバッグを例に挙げるとわかりやすいかもしれない。運転席の SRS エアバッグは，ある一定の条件が成り立たないと展開しないが，そのメカニズムを知らず，とにかく前方にある障害物と衝突したらエアバッグが展開すると（勝手に）思い込むことが，方法における過信に該当する。ACC には最大減速度が設定されているにもかかわらず，ACC の最大減速度を超える減速度が必要な場面において ACC に頼ってしまうことも，この次元における過信と位置付けることができるだろう。

　目的の次元における過信とは，例えば ACC の減速対象で説明できる。旧来の ACC は，センシングの機構上の問題に起因するのでもあるが，先行車に対する追従機能は有していても，道路上に静止している物体への衝突回避の機能

は持たない（図3.10）．したがって，例えば，前方に渋滞末尾で停止している車両が存在していても，その存在は「無視」される．ドライバがACCに前後方向の制御を任せてしまったままで渋滞末尾に遭遇するような場合，誰も減速制御をすることなく停止車両に追突する．このような事態は，ドライバが，「前車追従機能」を持つACCを，前方障害物への追突回避の機能をも有するというように目的を誤解することによって起こりうる[26]．過信を抑制するためには，能力，方法，目的それぞれの次元について対策を検討することが重要である．

いかにして過信を抑制することは可能であろうか．能力の次元に関する過信に対しては，作動状況がシステムの仕様の範囲内であるならば，信頼度を高めることが設計者に課せられた使命である．

方法の次元に関する過信に対しては，システムの作動条件やメカニズム，作動限界についてドライバの理解を促進することが重要である．ただし，大半のドライバはこうした技術には疎いということを前提とせざるをえないため，システムの動作ロジックなどを詳細にドライバにわからせようとするのはナンセンスである．ドライバのナイーブ（素朴）な**メンタルモデル**（mental model）との齟齬が生じやすい重要な点に限定して，システムの**作動条件**（operation condition）やメカニズム，あるいは**作動限界**（operation limit）をはっきりと理解させる工夫をするとよいであろう．

目的の次元に関する過信に対しては，当該システムが何のためのものであるのか，特に，「何をしない」のかをドライバにわからせる工夫が必要であろう．その方法は，可能であればシステム設計に組み込みたいところではある．しかし，場合によっては，システムの利用を開始する前に，ドライバに説明をするという対処とせざるをえないかもしれない．

〔5〕 **リスク補償の抑制**

自動化（支援）が導入されることによって，人間の行動が変わってしまうことがある．支援システムの設計にあたっては，システムを導入することによって人間の行動がどのように変化するのかまでも見越した上で，致命的な問題が

3.5 運転支援システムの設計におけるヒューマンファクタの課題

生じないようにしなければならない。人間の行動が変化することによって新たな問題が生じることを許すかどうかは，その時点での社会，ないし当該システムを売り出す組織の考え方に依存する。人間の行動の変化は，結果として，それまでにはなかったような新しいタイプの事故の発生につながりうる。こうした，「新しいシステムを導入したがゆえの事故」を社会が許容するかどうかが問題となる。きわめてドライに考えるならば，社会全体として事故率や死傷者数が減少すればそれでよいという考え方はありうるが，いまの日本社会においてそのような考え方が受容されるかどうかは，慎重に見極めなければなるまい。少なくとも，当該システム導入以前と導入以後とで，以後の方が全体として事故・トラブルが多いという事態だけは絶対に避けなければならない。

システムの導入によって生じる人間行動の変化は，**適応的行動変容**（behavioral adaptation）と呼ばれることがある[35]。特に，安全対策を講じた際，それによって安全上の余裕が生じたことを知覚し，ややリスクを高めるが自身にとって便益をもたらしうる行動（例えばスピードを上げるなど）をとることは，リスク補償行動と呼ばれる[36]～[39]（**図3.14**）。

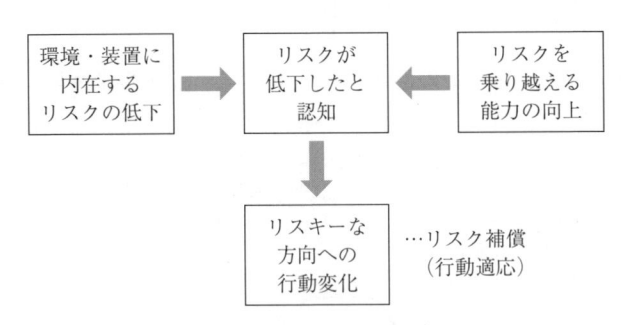

図3.14 リスク恒常性[38]

物理的にリスクを補償する行動をとらなくても，ドライバが本来周囲に払うべき注意がおろそかになるという意味での行動の変容もありうる。ACCを利用して前車追従を行っている際に，スマートフォンでメールをチェックするなどの場合が該当する。運転に対して十分な注意を払わなくなることは，**ディストラクション**（distraction）と呼ばれる[40]が，意図的なディストラクション

は，リスク補償行動の一種であるとみなしてよいだろう．

適応的行動変容は，一時的なものというよりも，行動様式が変化するものである．意図的なディストラクションを日常的に起こすようになるとすれば，それは適応的行動変容の一つとみるべきだろう．先行車追従中の運転行動を考える場合，物理的にリスクを補償する行動は追従中の THW を小さくする（iTHW を大きくする）行動として現れ，わき見をする行動は反応の遅れ（ブレーキを踏む際の TTC を小さくする（iTTC を大きくする））行動として現れうる．これらは，どちらかだけが起こるかもしれないし，両方が起こるかもしれない．すなわち，概念的には，図 3.15 のようにさまざまな可能性があることに注意が必要である[41]．例えば，追従中に車間を空けているが，先行車の減速に対処が遅れる場合は，図 3.15 の（1）のような変化となる．また，追従中の車間のとり方に変化はなくとも，注意散漫状態となり，先行車の減速に対応が遅れる場合は（8）のような変化となる．運転中に意図的に運転以外の行動をとることに伴うリスクの高まりを自覚している場合は，あえて車間を大きくするような行動をとるかもしれない．これによって，（2）や（3）のような変化となることもありうる．

ドライバに対する何らかの働きかけによって，（3）のように，通常時の車

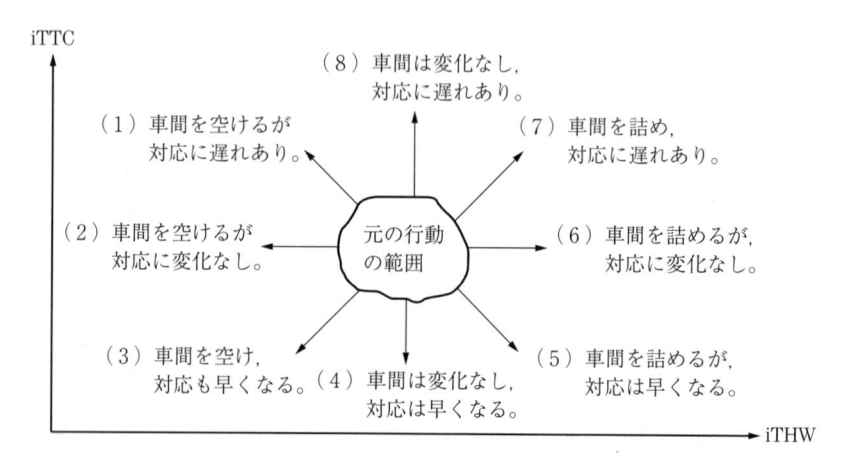

図 3.15　行動変容のさまざまな可能性

3.5 運転支援システムの設計におけるヒューマンファクタの課題

コラム

リスク恒常性理論

ワイルド[36),37)]は，リスク補償行動の考察をさらに推し進め，人は目標リスク水準（target risk）を持っており，それを維持するように行動を調節するという**リスク恒常性（ホメオスタシス）理論**（risk homeostasis theory）を提唱している。リスク補償的な行動があることを否定する人は少ないが，リスクが恒常性を持つかどうかについては，永きにわたる，ある意味では不毛ともいえる議論が展開されてきた。リスク恒常性が成り立つかどうかを厳密に議論しようと思うと，リスクとは何か，人が知覚するリスクとは何か，などを根本から問い直す必要があり，実に煩瑣な議論が必要となる。このことに興味のある読者には，やさしく解説された文献38)を読まれることをお勧めする。

間も大きくなり，しかも**緊急時**（emergency）の対応も早くなるように行動が変容することがあれば，非常に望ましい変化であるといえよう。

〔6〕 **スキルの低下**

自動制御を利用し続けることは，ドライバの運転操作のスキルの低下につながると考えられる。実際に，航空業界において，自動化が高度に発展した昨今，パイロットの技量低下が疑われる事故がしばしば発生している。

完璧に正しく作動するシステムを構築することは，技術者の見果てぬ夢であるかもしれないが，それは見果てぬ夢にすぎない。現実には，何らかの形で故障が起こったり，システムの能力限界を超える場面が発生しうる。そのような場合，ドライバが自身で運転操作を行わなければならない。したがって，自動運転を前提としつつも，ドライバの技量をある一定のレベル以上に保つことが重要である。

ドライバの運転技量を維持・向上させるための取組みが重要になってきている。このことについては，6.2節で最新のトピックを紹介する。

引用・参考文献

1) R. Parasuraman and V. A. Riley: Humans and automation: Use, misuse, disuse, abuse, Human Factors, Vol. 39, No. 2, pp. 230-253 (1997)
2) R. Parasuraman, T. B. Sheridan, and C. D. Wickens: A model for types and levels of human interaction with automation, IEEE Transactions on Systems, Man, and Cybernetics, Part A : Systems and Humans, Vol. 30, Issue 3, pp. 286-297 (2000)
3) C. E. Billings: Aviation Automation-The Search for a Human-Centered Approach, Mahwah, NJ : Lawrence Erlbaum Associates (1997)
4) D. D. Woods: The effects of automation on human's role : Experience from non-aviation industries, in Flight Deck Automation : Promises and Realities, S. Norman and H. Orlady (eds.), NASA CR-10036, NASA-Ames Research Center, pp. 61-85 (1989)
5) L. Bainbridge: Ironies of automation, Automatica, Vol. 19, pp. 775-779 (1983)
6) 稲垣敏之：人と機械の共生のデザイン，森北出版 (2012)
7) T. M. Gasser and D. Westhoff: BASt-study, definitions of automation and legal issues in Germany, 2012 Road Vehicle Automation Workshop, Transportation Research Board, July 25 (2012)
8) NHTSA: Preliminary statement of policy concerning automated vehicles (2013)
9) SAE International: Taxonomy and definitions for terms related to on-road motor vehicle automated driving systems, Surface Vehicle Information Report, J3016 (2014)
10) 国土交通省：ASV 第 2 期報告書
    http://www.mlit.go.jp/jidosha/anzen/01asv/resourse/data/asv2report.pdf
    (2015 年 3 月現在)
11) 国土交通省：ASV 第 5 期パンフレット
    http://www.mlit.go.jp/jidosha/anzen/01asv/resourse/data/asv5pamphlet.pdf
    (2015 年 3 月現在)
12) T. B. Sheridan: Telerobotics, automation, and human supervisory control, MIT Press (1992)
13) T. Inagaki, N. Moray, and M. Itoh: Trust, self-confidence, and authority in human-machine systems, Proc. IFAC Man-Machine Systems, pp. 431-436 (1998)
14) T. Inagaki: Adaptive automation : sharing and trading of control. In : E.

Hollnagel, ed. Handbook of cognitive task design, Mahwah, NJ：Lawrence Erlbaum Associates, pp. 147-169（2003）

15) 高江康彦，稲垣敏之，伊藤　誠，Neville Moray：航空機の離陸安全のための人間と自動化システムの協調，ヒューマンインタフェース学会論文誌，Vol. 2, No. 3, pp. 217-222（2000）

16) M. Itoh, G. Abe, and T. Yamamura: Effects of arousing attention on distracted driver's following behavior under uncertainty, Cognition, Technology, and Work, Vol. 16, pp. 271-280（2014）

17) J. D. Lee and D. L. Strayer: Preface to a special section on driver distraction, Human Factors, Vol. 46, pp. 314-334（2004）

18) J. A. Michon: A critical view of driver behavior models：What do we know, what should we do? In L. Evans and R. C. Schwing（ed.）, Human behavior and traffic safety, pp. 485-520, Plenum（1985）

19) M. Itoh, T. Inagaki, Y. Shiraishi, T. Watanabe, and Y. Takae: Contributing Factors for Mode Awareness of a Vehicle with a Low-Speed Range and a High-Speed Range ACC Systems, Proc. HFES 49th Annual Meeting, pp. 376-380（2005）

20) 芳賀　繁：メンタルワークロードの理論と測定，日本出版サービス（2001）

21) D. de Waard: The Measurement of Drivers' Mental Workload, PhD dissertation, University of Groningen（1996）

22) 内田信行：交差点での見落とし事故の発生メカニズム検証と予防安全対策の構築，筑波大学大学院システム情報工学研究科博士学位論文（2014）

23) 大日方五郎：自動車運転における居眠り検出，日本機械学会誌，Vol. 116, No. 1140, pp. 24-27（2013）

24) 齊藤裕一，伊藤　誠，稲垣敏之：双対制御論的運転支援システム：「車両安全確保とドライバ状態推定の機能と特性」，計測自動制御学会論文集，Vol. 50, No. 6, pp. 461-470（2014）

25) M. Endsley: Toward a theory of situation awareness in dynamic systems, Human Factors, Vol. 37, No. 1, pp. 32-64（1995）

26) 伊藤　誠：負荷軽減のための運転支援システムに対する過信をもたらす要因の探求，計測自動制御学会論文集，Vol. 45, No. 11, pp. 555-561（2009）

27) N. B. Sarter and D. D. Woods: How in the world did we ever get into that mode? Mode error and awareness in supervisory control, Human Factors：The Journal of the Human Factors and Ergonomics Society, Vol. 37, No. 1, pp. 5-19（1995）

28) 伊藤　誠，稲垣敏之：車線変更時事故回避支援としての操舵プロテクション，

自動車技術会論文集，Vol. 43, No. 2, pp. 203-210（2012）

29) M. Itoh, H. Tanaka, and T. Inagaki: Haptic steering direction guidance for pedestrian-vehicle collision avoidance, Proc. IEEE SMC Conference, pp. 3309-3314（2012）

30) M. Itoh, H. Tanaka, and T. Inagaki: Toward Trustworthy Driver Assistance System based on Shared Control for Emergency Pedestrian Avoidance, Journal of Human-Robot Interaction（2015）

31) M. Itoh, Marie-Pierre Pacaux-Lemoine, Frédéric Robache, and Hervé Morvan: An Analysis of Driver's Avoiding Maneuver in a Highly Emergency Situation, SICE Journal of Control, Measurement, and System Integration, Vol. 8, No. 1, pp. 27-33（2015）

32) M. Mulder, M. Mulder, M. M. van Paassen, and D. A. Abbink: Haptic gas pedal feedback. Ergonomics, Vol. 51, No. 11, pp. 1710-1720（2009）

33) O. M. Carsten and F. N. Tate: Intelligent speed adaptation: accident savings and cost–benefit analysis, Accident Analysis and Prevention, Vol. 37, No. 3, pp. 407-416（2005）

34) J. D. Lee and N. Moray: Trust, control strategies and allocation of function in human-machine systems, Ergonomics, Vol. 35, No. 10, pp. 1243-1270（1992）

35) OECD: Behavioral Adaptations to Changes in the Road Transportation System. OECD, Paris（1990）

36) G. J. S. Wilde: Target Risk, PDE Publications, Toronto, Ontario, Canada（1994）

37) ジェラルド・J・S・ワイルド（芳賀　繁訳）：交通事故はなぜなくならないか — リスク行動の心理学，新曜社（2007）

38) 芳賀　繁：事故がなくならない理由（わけ） — 安全対策の落とし穴，PHP研究所（2012）

39) 平岡敏洋，増井惇也，西川聖明：夜間時視覚支援システムに対するリスク補償行動の分析，計測自動制御学会論文集，Vol. 46, No. 11, pp. 692-699（2010）

40) M. A. Regan, J. D. Lee, and K. L. Young: Driver Distraction: Theory, Effects, and Mitigation, Boca Raton, FL：CRC Press（2009）

41) 伊藤　誠，藤原祐介，稲垣敏之：追突回避自動ブレーキに対する行動変容，計測自動制御学会論文集，Vol. 47, No. 11, pp. 512-519（2011）

―― 実践編 ――

4 追突警報

人間の力だけでは，あらゆる場面において追突の回避を確実にすることはできない．機械システムの力を借りなければならない場合もある．しかし，実際にどのような支援をシステムが提供すればよいのかという問題は，さまざまな要因が複雑に絡み合うことから，答えがそう簡単に求まるようなものでもない．

本章では，ドライバに対する運転の支援を考える際，どのようなことに注意する必要があるのかを，一般論から追突回避の問題に絞っていく形で説明していくことにしたい．

4.1 古典的追突警報

警報呈示のためのロジックにはさまざまな手法が提案されてきている（例えば，文献1), 2)）が，中でも stopping（あるいは stop）distance algorithm (SDA) と呼ばれる方法[3]と，TTC の値に基づいて警報を呈示する方法がよく知られている．本節では，これらの二つについてやや詳しく説明を行う．

4.1.1 Stopping Distance Algorithm

stopping distance algorithm は，追突警報システムの国際規格（ISO15623）[4]にも採用されている，よく知られた警報呈示ロジックである．実際に，SDA

を用いた追突警報の研究も多数存在している（例えば，文献5)～9))。

SDAとは，2章で述べた式(2.9)の警報距離，すなわち

「現在の自車と先行車の関係において，もし先行車が急に減速を開始して停止に至るとしても，ぶつからないようにするために確保しておくべき車間距離」

を考え，現在の車間距離がこの距離を下回ったときに警報を呈示するというものである。

2章ですでに述べてはいるものの，この考え方を用いてどのように警報を呈示するかを理解しやすくするために，図4.1に基づいて具体的に述べよう。

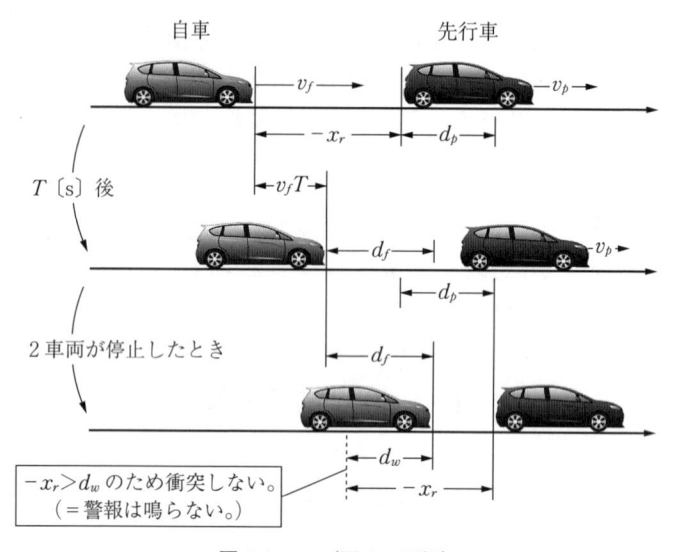

図4.1　SD（図2.9再掲）

現在の時刻を時刻0として，時刻0において車間距離は$-x_r$と表されているものとする。先行車の時刻0の速度がv_p，時刻0から加速度$\tilde{a}_p$（明らかに$\tilde{a}_p<0$である）で減速を行い，停止に至るものとしよう。このとき先行車が停止に必要な距離d_pは次式で与えられる。

$$d_p = -\frac{v_p^2}{2\tilde{a}_p} \tag{4.1}$$

同様に，自車の現在の速度を v_f とし，加速度 $\tilde{a}_f$ で減速を行って停止するとすれば，自車の停止に必要な距離 d_f は

$$d_f = -\frac{v_f^2}{2\tilde{a}_f} \tag{4.2}$$

である。ただし，自車は先行車と同じタイミングで減速を行うことはできないことから，空走する時間帯が存在することになる。いま，時刻 0 に警報が呈示されるものとしよう。自車のドライバが警報を知覚し，ブレーキ操作を行う決断をし，実際にブレーキを踏み始めるまでに T 〔s〕を要するものとすると，警報が呈示されてからブレーキを踏み始めるまでの空走距離は

$$v_f T \tag{4.3}$$

となる。したがって，自車が停止した時点における位置は，時刻 0 における位置よりも

$$v_f T - \frac{v_f^2}{2\tilde{a}_f} \tag{4.4}$$

だけ進んでいることになる。これに対し，先行車は，初期車間距離 $-x_r$ に加え，停止距離 d_p だけ進んでいるので，先行車が停止している位置は時刻 0 における自車位置から

$$-x_r - \frac{v_p^2}{2\tilde{a}_p} \tag{4.5}$$

だけ進んだ地点である。式 (4.4)，(4.5) を比べたとき，自車の位置よりも先行車の位置の方が前方にあれば，本当に先行車が減速して停止したとしても追突は免れることができる。したがって，追突の可能性を回避するためには，次式が成り立つ必要がある。

$$v_f T - \frac{v_f^2}{2\tilde{a}_f} < -x_r - \frac{v_p^2}{2\tilde{a}_p} \tag{4.6}$$

逆に

$$v_f T - \frac{v_f^2}{2\tilde{a}_f} \geq -x_r - \frac{v_p^2}{2\tilde{a}_p} \tag{4.7}$$

が成立している場合，先行車が実際に$\tilde{a}_p$で減速して停止すると，自車は$\tilde{a}_f$で減速するだけでは追突を免れることができないことになる．なお，実際には追突しなければそれでよいというわけではなく，ある程度の距離を保って停止したいと考えるのが普通であろう．当該2車両が停止したときに安全距離d_sだけ確保したいと考えるならば，式(4.6)はつぎのように書き換えられなければならない．

$$-x_r - \frac{v_p^2}{2\tilde{a}_p} < v_f T - \frac{v_f^2}{2\tilde{a}_f} + d_s \tag{4.8}$$

これを整理して，現在の車間距離$-x_r$が，下記の条件に入っているときに警報を呈示しようというのが，SDAの考え方である．

$$-x_r < v_f T - \frac{v_f^2}{2\tilde{a}_f} + \frac{v_p^2}{2\tilde{a}_p} + d_s \tag{4.9}$$

ここまでの議論で明らかなように，v_f, v_p, $-x_r$は，実測値を用いる．自車速度は**CAN**（controller area network）情報から容易に入手できるし，先行車との車間距離や先行車の速度は，レーザレーダ，ミリ波レーダなどのセンサを用いることによって精密な計測／算出が可能である．空走（あるいは警報への反応）時間Tや自車の加速度$\tilde{a}_f$には，あらかじめ想定した値を与えることはいうまでもないであろう．d_sもシステム設計者が決めるべきパラメータである．

一つ注意すべきことは，先行車の加速度には，現時刻での実際の値a_pではなく「想定値」$\tilde{a}_p$を当てはめるのが普通であるということである．自車に搭載された自律型のセンサでは，先行車の減速度を精密に測定あるいは算出することが，技術的に困難であったということもある．もう一つの理由としては，先行車の加速度を「想定」する，特に大きな減速を想定することによって，「もし，いま先行車が急に減速を開始したとしても事故を防ぐに十分な車間を確保する」ことを狙うことが挙げられる．警報システムを設計する立場としては，基本的に，起こりうるあらゆるケースにおいて安全を確保できるようにしたいと考えても不思議ではないであろう．そこで，SDAでは，a_pの想定値と

して高めの値を設定（−0.5 G とか，−0.6 G などが多い）することによって，**最悪のケース**（worst case scenario）を想定し，仮にそのような急減速が起こってもぶつからないように車間を空けておくことをドライバに求めるのである．なお，普通のドライバが出すことのできる減速度は 0.5〜0.6 G がほぼ上限であることは，いくつかの実験が支持するところである（例えば，牧下[10] など）．

最悪の事態を想定して警報を出そうとすると，早い（まだ危険性が高まりきっていない）タイミングで警報が呈示されることがある．数値例で確認してみよう．**図 4.2** は，自車，先行車の初期速度が 20 m/s，初期車間距離が 25 m（初期 THW = 1.25 s）であるときに，先行車が 0.25 G で減速する場合の状況の時系列変化を表したものである．ただし，$\tilde{a}_p$, $\tilde{a}_f$ はいずれも -4.9 m/s^2（−0.5 G），$T = 1$ s，$d_s = 1$ m とする．この場合，SDA を用いると，先行車減速開始後約 0.4 s で警報が呈示される．このような例では，実際のドライバのブレーキタイミングを TTC で評価すると，5〜10 s 程度のとき（本例では先行車減速開始後 1〜2 s あたり）にブレーキを踏み込み始めることが多い．

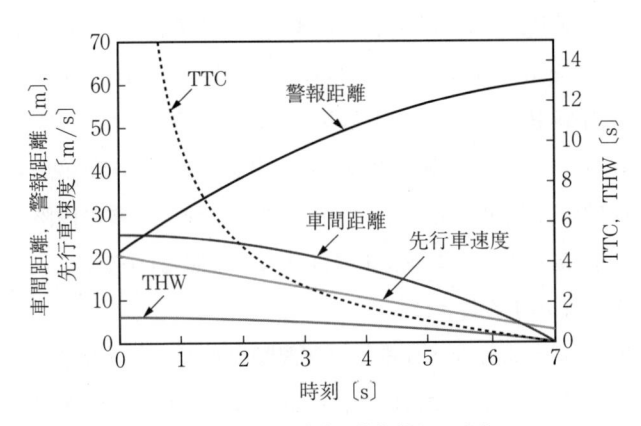

図 4.2 先行車減速に伴う状況の変化

このような「早い」警報は，時として，ドライバを過度に依存させる可能性があることがしばしば懸念される．また，あまりにも早い段階で呈示されるなら，**誤報**（false warning, false alarm）であるかのように受け止められて，不

信感（distrust）を持たれることも懸念されている．このことに対して，Itoh and Inagaki[11] では，追従中に先行車が減速してくるような場面においては，ドライバのブレーキタイミングの平均値で警報を呈示することを提案している．この方法は，「普段ならあなたはそろそろブレーキを踏んでいる頃ですよ」と指摘するという意味の警報を呈示するものである．ドライビングシミュレータを用いた実験では，警報に対して過度に依存させることなく，安全性を向上させる効果があるという結果が得られている．こうした，ドライバのブレーキ開始タイミングに適合させた警報システムについて，4.3節で詳細に議論する．

4.1.2 TTCに基づく警報

SDAは，ワーストケースを想定して，その場合にでも安全を確保できるための車間を維持することを志向するものであった．一方で，衝突が間際に迫っているときに，ただちに追突の回避を図るために警報を呈示するという考え方もある．

SDAが，現在の車間距離という「スナップショット」で追突の危険性を評価していたのに対し，追突の危険性が高まりつつあるかどうかを評価するものとしては，TTCを用いることが考えられる．実際に，TTCは警報呈示のための追突リスク評価指標としてしばしば用いられている．

例えば，5章で述べる前方障害物衝突防止装置では，衝突が免れないと判断される時点（例えばTTC=0.6 s）よりも，TTCで0.8 s前の段階で警報を呈示することが想定されている（巻末の付録A.4参照）．すなわち，TTC=1.4 sの段階で警報を呈示することになる．

TTC=1.4 sというような，極端な追突間際の状況での警報ではなくとも，TTCに基づいて警報を呈示する研究はしばしば見られる（例えば，文献12）〜14）参照）．

ただし，TTCに基づく警報システムでは，相対速度がほぼ0ではあるものの車間距離が著しく短いという意味での潜在的な危険状態に対して，警報を呈示することができないという点に限界がある．この問題は，厳密には，相対速

度が0であるときにはTTCを定義できないという問題であり，これに対しては，iTTCを用いるという便法もある．TTC自体よりは，iTTCの方がドライバのブレーキタイミングを説明できやすいということもあり，iTTCを用いた警報システムの研究例もある[11]．

しかし，TTCにしても，iTTCにしても，徐々に接近しているわけではないが車間距離が狭く，潜在的に追突のリスクが高い状況に対して，そのリスクを的確に表現できるわけではないことから，TTCに基づく警報システムには限界がある．

4.1.3 ACCの機能限界警報

ACCには，発揮できる減速度に上限がある．具体的な上限値は時代によって微妙に異なるが，当初は$-2.5\,\mathrm{m/s^2}$程度であった．当然ながら，ACCによる減速だけでは，あらゆる場合に追突の回避ができるとは限らない．ACCの減速機能の限界では対処できない場面が発生した場合には，ドライバが制御を取り戻し，必要な減速操作を行う必要がある．ドライバに減速操作を行うことを求めるために，ACCは，最大減速度で減速しているときには，そのことを聴覚的にドライバに伝えるのが普通である．これは，**機能限界警報**（function limit warning）などと呼ばれることがある[9),15),16)]．こうした機能限界警報も，追突警報の一種とみることはできよう．

4.2 警報に対する信頼と過信，不信

最悪の事態に備えた「早い」警報を呈示する警報システムが，ドライバの運転行動に与える影響を考えよう．まず，先行車が本当に減速を開始するものとして，システムが警報を早めに呈示することを考えると，警報を聞いてドライバがブレーキ操作を行えば，追突の可能性を十分に低くできるといえるだろう．しかし，警報を早く出しさえすればよいわけではないことは容易に想像できよう．

警報が早く呈示されるということは，追突の危険がそれほど高まっていない場合でも警報が呈示される場合が多くなることを意味し，結果として警報が呈示される頻度が多くなる．警報の頻度が多くなることによって，つぎの異なる二つの影響をもたらす可能性がある．

（1） 警報システムへの不信
（2） 警報システムへの過信と過度な依存

上記の二つについて，詳細に考察をしてみよう．

4.2.1 警報システムに対する不信

ACC の機能限界警報を別にすれば，追突警報をいつ呈示するかは，閾値の設定の仕方によって異なる．例えば，SDA の場合，ドライバの想定反応時間 T を大きくすれば，警報呈示は早くなる．TTC をベースにする警報の場合，閾値となる TTC の値を大きくすれば，警報呈示は早くなる．

早いタイミングで警報が呈示されるように閾値を設定すると，先行車へのちょっとした接近でも，警報が発生してしまうことになる．実際には追突の危険性がそれほど高まっていないとするならば，ドライバにとってそのような警報は不用なものとなる．このような警報は，誤報と認識されることもありうるし，少なくとも，**煩わしい警報**（nuisance warning, nuisance alarm）である．

不用であるかのように思われる警報が頻発すると，ドライバが抱くその警報システムへの信頼感は低下する（例えば，文献5），17) 参照）．これは，特に compliance の側面[18]における信頼感の低下である．すなわち，警報が呈示されても，それを正しいとは受け止めないようになる．

一方，遅いタイミングで警報を呈示するようにすると何が起こるだろうか．実際に先行車が減速して，先行車へ接近しているにもかかわらず，なかなか警報が呈示されないと，警報が呈示される前にドライバがブレーキ操作を行ってしまう．この場合，システムのロジックとしては正しく作動しているにもかかわらず，ドライバにとってはあたかも**欠報**（missed warning, missed alarm）であるかのようにみえてしまう．こうして警報システムをあてにしなくなるこ

とは，reliance の側面[18]における信頼感の低下である。

警報システムとしては故障していないとしても，見掛け上の誤報や欠報が起こりにくいように，閾値を適切に設定することが必要である。

4.2.2 警報システムへの過度な依存

警報が呈示される頻度が高い場合，「警報が鳴ったのを聞いて，ブレーキを踏む」という行動を繰り返し行われることになろう．このとき，「警報が鳴ったら，危険であるからブレーキを踏む」という行為を繰り返し行うことが，「警報が鳴らなければ，ブレーキを踏まなくてもよい」というように，ドライバの態度の変容につながる場合がある．このことは，何らかの理由で警報を呈示するべき場面において警報が呈示されないこと（欠報）が生じたときに，ドライバのブレーキ操作がなされなかったり，遅れたりすることにつながる．実際，伊藤[19]は，欠報の発生によってドライバのブレーキ操作タイミングが遅れうる（図 4.3）ことを実験によって確認している．

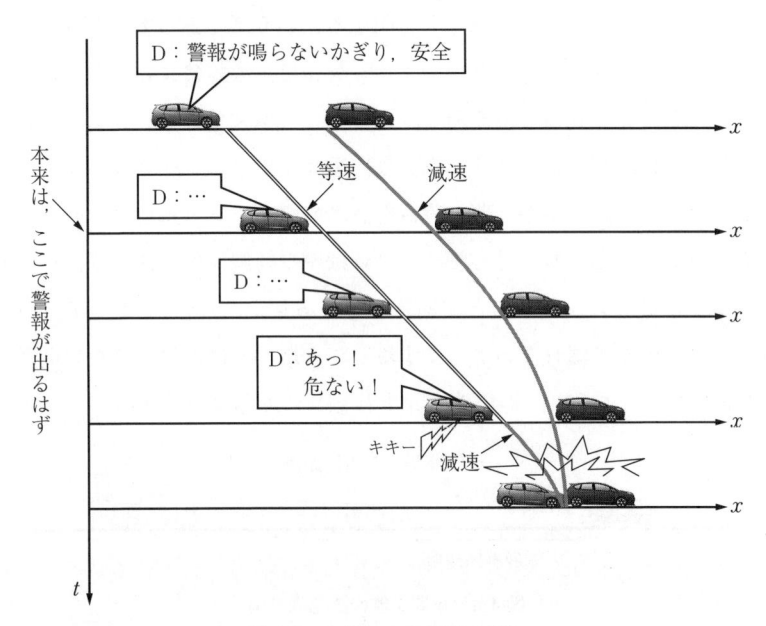

図 4.3 欠報による反応の遅れ

警報システムがあろうとなかろうと，運転操作の安全性の責任を負うのはドライバ自身であることから，前方や周囲へ必要な注意を向け，しかるべく対応操作をドライバ自身で行わなければならない．しかしながら，警報システムの存在によって，「警報が鳴らないうちは安全である」との「幻想」をドライバが抱いてしまう可能性はあり，そのような「幻想」を持たせないような工夫が必要となる．

ただし，一言加えておくと，「警報が鳴らないうちは安全である」との「幻想」を抱かせないようにするということは，意外に難しい問題である．自動車における追突警報システムは，それ自体が商品であるか，あるいは車の一機能という意味で商品の一部である．したがって，その機能には安全を格段に向上させるという「魅力的品質」[20]，さらにはその機能が安定的に保たれるという「当たり前品質」[20] が要求される．「警報が鳴らないうちは安全であるとの幻想を抱かせない」ためには，「場合によってうまく機能しないことがあります」ということを「お客様」にわかってもらうべく説明することが必要である．これは，いってみれば，商品の欠点を説明するという話であって，販売促進の戦略上好ましからぬことであるといえよう．欠報は，故障によるものだけではなく，センサが外界を認識する原理上，どうしても検知できない先行車との接近や，車間距離の誤認がありうる．例えば，図4.4では，レーザレーダで先行車との車間距離を認識するが，薄い荷台を認識できず，先行車のキャビンとの距離を車間距離として認識してしまう．これはやや極端な例であるが，センサの構成によってはこのようなことがありうる（ありえた）．したがって，過信の対策は，システムが壊れないようにするというだけでは解決できない問題である．3章で論じたように，過信の次元それぞれに即して対策を講じることが必

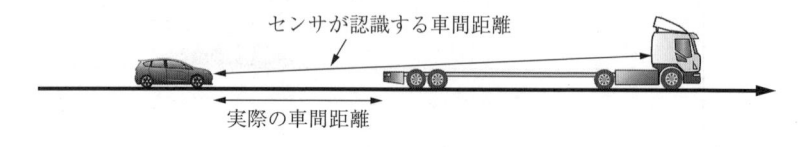

図4.4 車間距離の誤認識の例

要となる。

　過信を抑制するための方法の例を紹介してみよう。ACCの機能限界警報に関する問題を考える。ACCが発揮できる減速度には限界がある。その限界がどこに設定されているかは，ドライバにとっては自明ではないので，システムの側からその限界を呈示する必要がある。しかしながら，先行車追従中，特に追突の危険が高まっているときに，何らかの表示を見て判断することをドライバに要求するのは適切であるとは思われない。ACCがどの程度「頑張っているか」をドライバに伝えるための方法として，**図4.5**のようなイメージの減速度メータが提案された[19]。

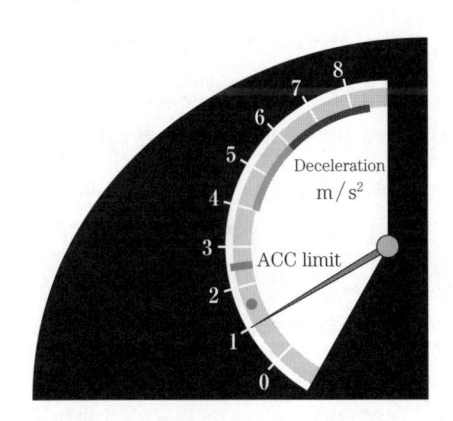

図4.5 減速度メータ（イメージ）

　図4.5では，矢印が現在の減速度 $[m/s^2]$ を表している。目盛上には，ACCが出すことのできる最大減速度（伊藤[19]の例では，$2.5\,m/s^2$）が，太線で表示されている。また，直近の過去10sにおける自車の最大の減速度が，バグ（●）で表されている。この表示によって，ドライバは，いったん追突の危機を脱した後で，そのときの最大の減速度がどれほど大きかったのかを振り返ることができるようになっている。

　この減速度メータをインパネに組み込み，ドライビングシミュレータ上でドライバに走行させてみたところ，ACCでは対応しきれない場面が発生したときのドライバの対処が迅速になることが確認された[19]（**図4.6**）。図4.6は，減

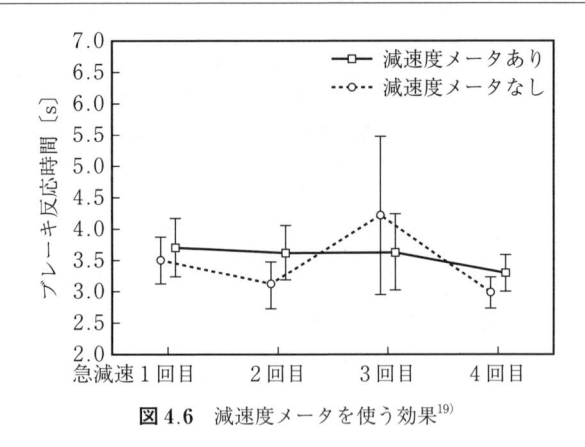

図 4.6 減速度メータを使う効果[19]

速度メータを使う群と，減速度メータを使わない群とに分け，ドライビングシミュレータを用いて実験を行った結果である．この実験では，ACCでは対応できない先行車急減速が4回発生する．通常ならば，ACCが最大減速度で減速しているときにビープ音が呈示され，限界に達していることがドライバに伝えられる．ただし，急減速3回目のときのみ，ビープ音の呈示が失敗してしまうシナリオとなっている．この場合，減速度メータを用いなかった群では，ドライバ自身によるブレーキ操作のタイミング（ブレーキ反応時間）が遅れてしまうことがわかる．一方，減速度メータを用いた群では，ドライバ自身によるブレーキ操作は，ビープ音が正しく呈示されている場合とほぼ同じであった．

4.3　警報タイミングの違いによる運転行動への影響

ここでは，何らかの理由で「欠報」が生じた際のドライバのブレーキ操作の遅れについて，**警報タイミング**（warning timing, alarm timing）を調整することによって，欠報による運転行動への影響を抑制することができるかどうかを考えてみよう．

前節では，警報のタイミングが早過ぎることによって，警報システムに対する過度な依存が誘発される可能性について言及した．このことは，言い換えれ

ば，警報のタイミングによって，警報に対するドライバの反応の仕方が異なる可能性を示唆している．さらにいえば，警報タイミングを調整することによって，万が一，欠報が生じたときであっても，ドライバの運転行動に与える影響を最小限にとどめることができる可能性があると考えることは，あながち不自然な話ではないであろう．

早いタイミングの警報に対してドライバが迅速なブレーキ操作を行えば，警報による支援がない状況と比較して，追突までの時間的な余裕は十分に大きくなるといえよう[17]．ただし，早いタイミングの警報によってブレーキ操作が迅速になる分，欠報時にドライバ自身の判断だけでブレーキ操作を行わなければならない状況に直面した際には，ブレーキ操作への影響が大きくなってしまう可能性があり，警報システムに対する不信感が増大してしまう懸念がある．システムに対する信頼が失われた場合には，ドライバが警報システムを使用しなくなる可能性も否定できない[21]．

一方，警報のタイミングを遅くすれば，欠報時と比較して，ブレーキ操作への影響を抑制できる可能性はあるものの，タイミングの遅い警報では，追突の危険が迫った状況においてドライバの適切な回避操作を促すという警報の効果そのものを軽減させる懸念も生じうる．適度なタイミングの警報とは，警報の効果は損なわない程度において，正しい警報が呈示されたときと万が一欠報が発生したときとで運転行動に与える影響が極端に異ならないことであると考えることができる．そのための警報タイミングを設定するための閾値の考え方の一つとして，ドライバの運転操作に則する方法について考えてみよう．

4.3.1　個人適合型の警報タイミングの考え方

ドライバは，時々刻々変化する交通状況の中で，追突の危険が生じた場合に，追突を回避するための何らかの操作が必要であるか否かを判断し，必要に応じてアクセルペダルを離す，ブレーキを踏むなどの具体的な運転操作を実行することが求められる．もし，個々のドライバ自身で，普段実行している運転操作のタイミングを基に警報タイミングを設定することができれば，個々のド

ライバにとってみると，警報が呈示されるタイミングは，普段の運転操作のタイミングと同程度になる．ここでは，このような個々の運転操作に則した警報を**個人適合型**（adaptive）の警報タイミングと呼ぶことにする．個人適合型の警報タイミングは，したがって，個々のドライバが追突のリスクを認知し，その後危険回避のための運転操作を行うまでのタイミングと比較して，極端に早いタイミングの警報にはならないと考えられる．その上で，警報の効果が損なわれるほどに，遅いタイミングの警報になることも避けることができよう．

続いて，個人適合型の警報のタイミングに反映させるドライバの運転操作として，具体的にどのような操作タイミングが考えられるかについて言及したい．ここでは，追突の可能性が高く，警報の呈示が想定されうる走行場面の一つとして，先行車追従走行中に先行車が急に減速する場面における追突回避のための減速行動について考えてみよう（図 4.7）．ここでの減速行動およびタイミングとは，先行車両が減速を開始してから，ドライバのアクセルを離すことによって，操作量が 0（アクセルオフ）になるまでの経過時間および先行車が減速を開始してから，ドライバのブレーキの操作による減速開始（ブレーキオン）までの経過時間とした．アクセルオフのタイミング（T_a）は，追従中の先行車に何らかの変化（ここでは先行車の減速）があったことにドライバが気付いたタイミングを反映していると考えられる．一方，ブレーキオンのタイミング（T_b）には，追突を回避するためにはブレーキ操作による自車の減速

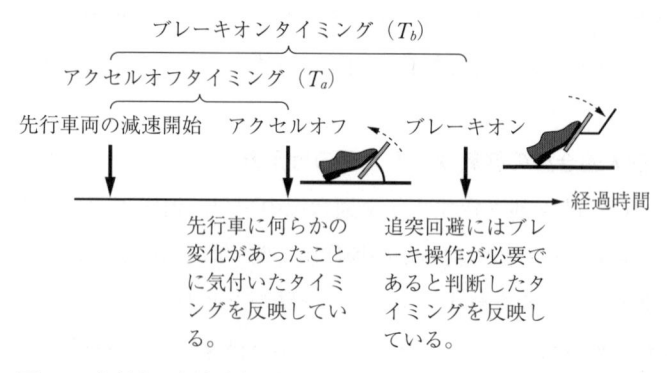

図 4.7　先行車が急減速する場面における追突回避行動

が必要であるとするドライバの判断が反映されていると考えられる（図4.7）。

ここで，アクセルオフあるいはブレーキオンのタイミングそのものを警報タイミングとして設定した場合，ドライバがアクセルを離してからどのような過程を経てブレーキ操作に至ったかを考慮できていない．つまり，アクセルオフした直後にブレーキオンをする，あるいはアクセルオフしてから，ブレーキオンに移るまでの時間が長いなどの追突回避のための運転行動特徴を個人適合型の警報タイミングに反映させたい場合には，アクセルオフとブレーキオンの両者のタイミングを用いることが必要となる．そこで，先行車の急減速に起因した自車と先行車との追突場面におけるドライバの運転操作の特徴を個人適合型の警報タイミングに反映させる場合には，例えば，つぎのように，両者の中間のタイミングを用いることが一つの考え方として必要となる．

$$\frac{T_a + T_b}{2} \qquad (4.10)$$

ここで，T_a および T_b は，それぞれ先行車急減速場面における個々のドライバのアクセルオフタイミングおよびブレーキオンタイミングを意味する．

個人適合型の方策については，ほかにもさまざまな考え方があり（例えば，文献6）参照），ここでは，個々のドライバの運転操作の特徴を反映させる方策の一つとして，アクセルオフおよびブレーキオンのタイミングを用いて個人適応型の警報タイミングを設定するための考え方を述べた．

4.3.2 個人適合型の警報タイミングと運転行動との関係

ここからは，実際に，先行車の急減速場面を実験的に設定（図4.8：車間時間2.0sもしくは1.4sにおいて先行車に追従走行中に当該先行車が減速度5.88 m/s² もしくは3.92 m/s² において急減速する）した上で，個人適合型の

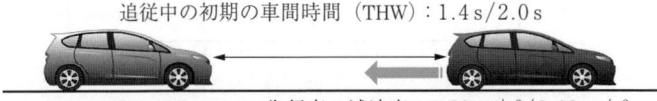

追従中の初期の車間時間（THW）：1.4 s/2.0 s

先行車の減速度：5.88 m/s² / 3.92 m/s²

図4.8　走行実験で設定した先行車急減速場面

タイミングと個人適合型でない警報タイミング（ここでは，**非個人適合型**（non adaptive）のタイミングと呼ぶ）の警報を対象として，正しい警報および欠報時の運転行動に与える影響が両者でどのように異なるかを調べてみよう[22]。

〔1〕 **警報タイミングの設定**

個人適合型の警報について，上記の先行車の急減速場面に対して4.3.1項で述べた考え方を適用することによって，個々のドライバごとに警報タイミングを設定した。非個人適合型の警報タイミングとして，ここではSDA（4.1.1項参照）に基づき，SDAの警報パラメータを調整することによって，個人的型の警報と比較して比較的早いタイミングの警報が呈示される設定とした。

〔2〕 **警報タイミングによるブレーキオン時間への影響**

図4.9は，先行車の急減速場面において，ブレーキオンするまでの時間（ブレーキオン時間）を試行および警報タイミングごとに示したものである[22]。この図から，欠報が生じた試行5および試行13を除き，正しい警報が呈示される試行では，個人適合型と比較して，非個人適合型のタイミングの警報によってブレーキオン時間が短くなっている。つぎに，欠報が生じた試行5および試行13について見てみよう。試行5で生じた欠報について，警報タイミングの

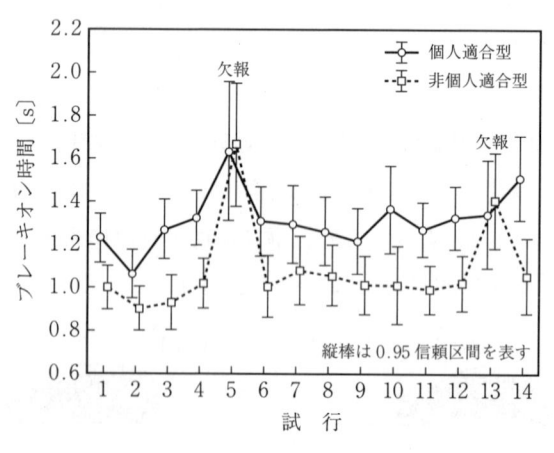

図4.9　試行ごとのブレーキオン時間の推移

違いによらず，正しい警報が呈示されている試行と比較して，ブレーキオン時間が長くなっていることが見て取れる．試行13で生じた欠報について，当該試行におけるブレーキオン時間の値は，警報タイミングの違いによらず同程度であるが，非個人適合型のタイミングを経験しているドライバにとっては，正しい警報が呈示されている条件でのブレーキオン時間と比較して，欠報が生じることによって，ブレーキ操作への遅れが発生している．一方で，個人適合型のタイミングを経験しているドライバにとっては，たとえ欠報が生じたとしても，正しい警報が呈示されている条件と同程度の時間でブレーキ操作を実行している．

図 4.10 は，上記の結果について，概念図として示したものである．ここで，まず一つ重要なことは，非個人適合の警報は，警報の呈示タイミングが早いことから，個人適合型の警報と比較して，正しい警報が呈示されている状況では，ドライバのブレーキ操作に要する時間が短縮される．

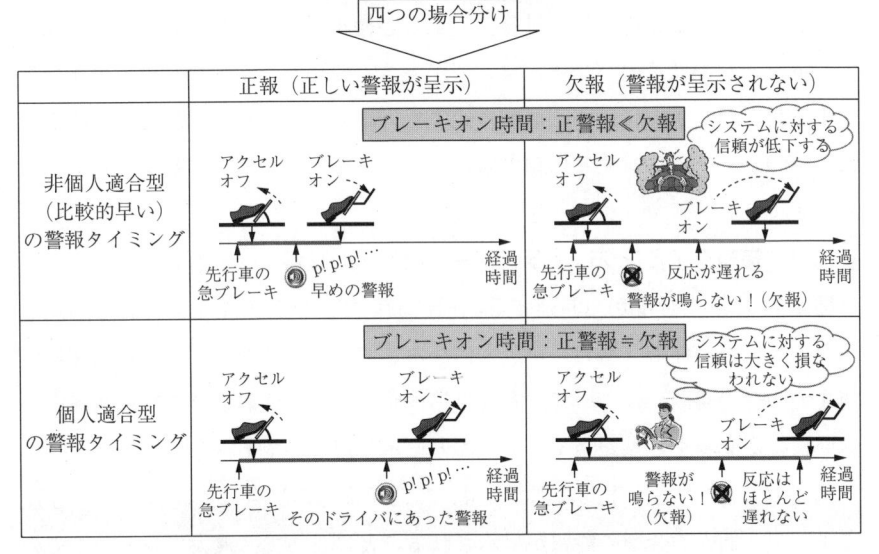

図 4.10 警報タイミングの違いによる運転行動への影響

欠報が発生した場合については，警報タイミングの違いによらず，初めて経験する欠報（試行5）に対するブレーキオン時間と比較して，2回目に生じる欠報（試行13）に対するブレーキオン時間が短くなった結果を見ると，欠報を一度経験することによって，警報が呈示されないことがあることへの警戒感が高まり，追突の危険が生じれば警報が鳴るだろうという認識が低下した可能性が考えられる。図4.10において，つぎに重要なことは，非個人適合型の警報の場合には，警報が正常に作動していたときと比較して，2回目の欠報時であっても，ブレーキオン時間は長くなっている。一方で，個人適合型の警報の場合には，正しい警報が呈示されているときのドライバのブレーキ操作に要する時間が非個人適合型の警報ほど短縮されないため，2回目の欠報時におけるブレーキオン時間は，正しい警報の条件と同程度になる。

欠報による警報システムに対する信頼への影響について，質問紙による主観的な信頼の値を用いて調べたところ，非個人適合型と比較して，個人適合型の場合に，欠報に対する信頼の低下度合いが小さくなる可能性が確かめられた[22]。図4.10において最後に留意すべき点として，個人適合型の場合には，特に2回目に発生した欠報に対して，正しい警報が呈示されているときと比べて，ドライバの減速のパフォーマンスが大きく変化しなかったため，欠報発生による警報システムに対する信頼の低下も抑制できたと推察される。このように，警報システムに対する信頼の観点からも，個人適合型の警報は有効であるといえよう。

〔3〕 **警報タイミングによるブレーキ操作への影響**

図4.11は，先行車が急減速する場面において，ブレーキオン時間を起点としたブレーキ操作量（踏力）が最大になるまでの経過時間（ブレーキ操作最大値までの経過時間）について，先行車追従時の車間時間および先行車減速度の違いによる影響を，警報タイミングごとに示したものである[22]。

図4.11（a）から，車間時間が1.4sの追従条件の場合に，先行車の減速度によらず，個人適合型の警報が呈示されることによって，最大ブレーキまでの経過時間が短くなっている。このことは，警報が呈示されない場合，あるいは

4.3 警報タイミングの違いによる運転行動への影響

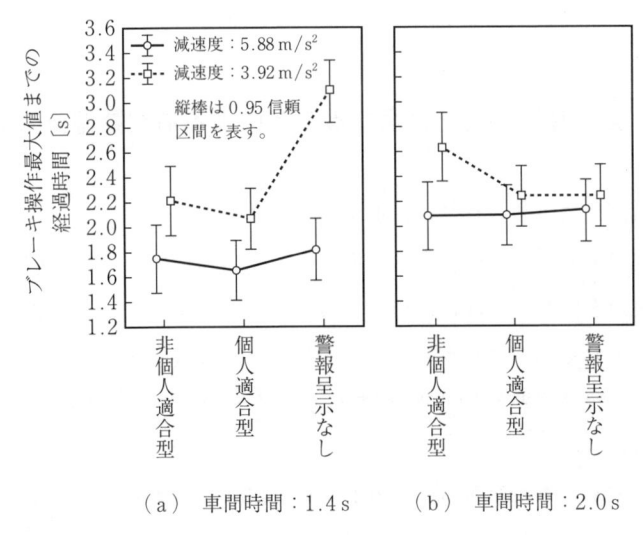

(a) 車間時間：1.4 s (b) 車間時間：2.0 s

図 4.11 支援条件ごとのブレーキ操作最大値までの経過時間

非個人適合型による警報タイミングの場合には，ブレーキ操作を開始してから最大のブレーキ操作量に達するまでに時間を要するケースがあるものの，個人適合型のタイミングの警報が呈示されることによって，ブレーキを踏み始めて以降のブレーキ操作量が最大になるまでの時間が迅速になる可能性を示唆している。図 4.11（b）に示した，車間時間が 2.0 s の追従条件に関していえば，先行車の減速度が $3.92\,\mathrm{m/s^2}$ の場合に，非個人適合型による警報条件で，最大のブレーキ操作量に達するまでの時間が最も長くなっている。この条件は，追突までの緊急性が比較的低い状況であることから，非個人適合型による比較的早いタイミングの警報が呈示された場合には，ブレーキ操作開始後に最大のブレーキ操作量に達するまでの操作が緩慢になるケースがあると考えることができる。

このように，個人適合型の警報タイミングは，万が一，発生する欠報に対して運転行動への影響を最小限にとどめられる可能性があると同時に，警報による支援がない場合と比較して，正しい警報が呈示された際の運転行動を改善させる効果も有している可能性があることから，追突警報における適切なタイミ

ングを設定するための考え方の一つであるといえよう.

4.4 必要な減速度を呈示することによる追突警報システム

現在,市販車に実装されている追突警報システムは

- 現在の車間距離が「現在の自車と先行車の関係において,もし先行車が急に減速を開始して停止に至るとしても,ぶつからないようにするために確保しておくべき車間距離」を下回る場合（SDA ベース）
- 現在の衝突余裕時間 TTC があらかじめ定めた閾値を下回る場合（TTCベース）

に警報を呈示するものが多い.このような警報は,システムによって定められた基準に照らし合わせると,その状況が危険であることを表している.警報はドライバに減速行動を促すが,「どのように（どの程度の）減速したらよいか？」という情報を含まないという問題が指摘されている.

そこで本節では,衝突回避減速度[23]をドライバに呈示する追突警報システムについて説明しよう.2.4節で述べたように,衝突回避減速度とは「先行車などの前方障害物との衝突を回避するために最低限必要な自車の減速度」であり,上述の追突警報システムの問題点を解決できると期待されている.

4.4.1 DCA に基づく追突警報システム（DCA-FVCWS）

2.4節で述べたように,DCA には2種類あり,PDCA（Potential DCA）は先行車が急減速した場合を想定しており潜在的なリスクを,ODCA（Overt DCA）は現在の状況で必要な減速度を示すものであり顕在的なリスクを表す.この二つのリスクを同時に呈示する視覚情報インタフェースとして,図 4.12（a）が提案されている（以下,DCA-FVCWS）[24].

DCA-FVCWS のインタフェースでは,先行車との衝突リスクが増加するとODCA バーが上に伸び,警報閾値 $4\,\mathrm{m/s^2}$ を超えると警報が鳴る.ODCA バーの長さは,先行車との衝突を回避するためにドライバが行うべき減速の程度

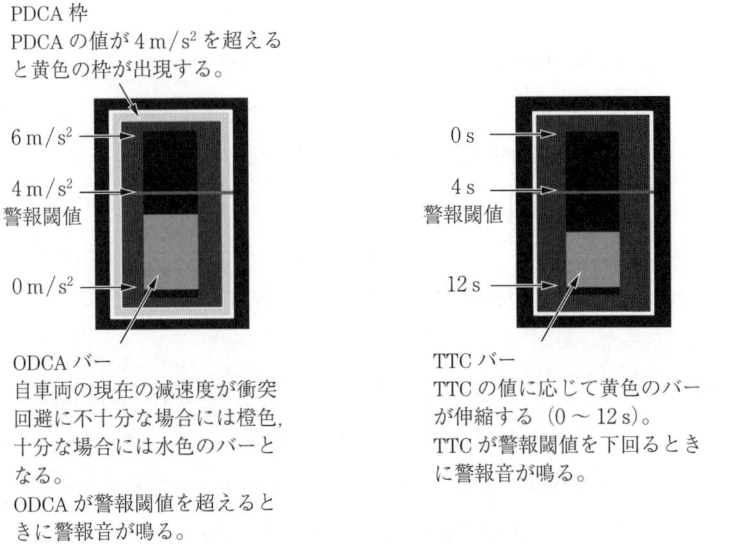

4.4 必要な減速度を呈示することによる追突警報システム

PDCA 枠
PDCA の値が $4\,\mathrm{m/s^2}$ を超えると黄色の枠が出現する。

$6\,\mathrm{m/s^2}$
$4\,\mathrm{m/s^2}$ 警報閾値
$0\,\mathrm{m/s^2}$

ODCA バー
自車両の現在の減速度が衝突回避に不十分な場合には橙色,十分な場合には水色のバーとなる。
ODCA が警報閾値を超えるときに警報音が鳴る。

(a) DCA に基づく追突警報システム

0 s
4 s 警報閾値
12 s

TTC バー
TTC の値に応じて黄色のバーが伸縮する ($0 \sim 12\,\mathrm{s}$)。
TTC が警報閾値を下回るときに警報音が鳴る。

(b) TTC に基づく追突警報システム(比較対象)

図 4.12 追突警報システムのインタフェース

(=減速度)をそのまま表しており,その長さに応じてドライバがブレーキペダルを踏むことでバーは短くなる。つまり,ブレーキペダルを踏む動作が,バーを踏み付けて短くするという仮想的な動作と対応しており,インタフェース設計において重視しなければならない S-R 適合性(以下のコラム参照)[25] の運動的適合性が高い設計となっている。また,衝突危険性の増加に伴いバーが

コラム

S-R 適合性とは

インタフェース設計において,刺激の呈示形態とその刺激に対応する反応の表出形態がどの程度一致しているかを表す尺度の一つとして,**S-R 適合性** (stimulus-response compatibility)[25] がある。S-R 適合性には大きく分けて,概念的 (conceptual),運動的 (movement),空間的 (spatial),様相的 (modality) の 4 種類があり,S-R 適合性が高いと刺激に対する反応生成までの符号化処理に対する負担が軽くなると考えられ,この S-R 適合性を高くすることがインタフェース設計上留意すべき課題の一つといわれている。

上に伸びることはS-R適合性における概念的適合性が高いといえる。さらに，ODCAバーの色は，現在の自車減速度が衝突を回避するのに十分な場合には水色，不十分な場合には橙(だいだいいろ)色といったように，ドライバの減速行動の適切さを表すが，この配色も概念的適合性を満たしているといえよう。

先行車との潜在的な衝突リスクを表すPDCAについては，その値が閾値（＝$4\,\mathrm{m/s^2}$）を超えた場合に黄色の枠が出現することで，「もしも先行車が急減速した場合にはそれなりの衝突危険性がある状況である」ということをドライバに伝える。

上述したように，追突警報や自動ブレーキの代表的な評価指標の一つにTTCがある。そこで，DCA-FVCWSの比較対象として，図4.12(b)に示すTTCに基づく追突警報システム（以下，TTC-FVCWS）を考えよう。このインタフェースにおいて，中央の橙色のバーはTTCの値を表す。ただし，バーが伸びる方向と警報閾値の位置を図4.12(a)のDCA-FVCWSと一致させるために，下端と上端のTTCの値をそれぞれ12，0sとして，TTCが4sを下回ると警報音が鳴るように設定した。

続いて，DCA-FVCWSの有効性を評価するために行った実験[24]について簡単に説明する。ドライビングシミュレータを用いた被験者実験は

1) システムなし条件
2) TTC条件（図4.12(b)のTTC-FVCWSを用いる）
3) DCA条件（図4.12(a)のDCA-FVCWSを用いる）

の3条件で行った。実験コースは幅7.0mの片側2車線で一方通行の直線道路で，自車はコースの左側車線を走行し，自車前方に1台の先行車と右側車線に1台の並走車が走行する。先行車は，停止状態から80km/hまたは50km/hまで加速した後に0.6Gで減速するパターンと，50km/hの一定速から0.4Gまたは0.6Gで減速するパターンの合計4パターンの減速を，ランダムな順番で2回ずつ行う。

それでは，実験結果を見てみよう。各走行条件での平均衝突回数を比較すると，DCA条件における衝突回数が，他の2条件よりも有意に減少している（**図**

4.13)。また,減速タイミングとして,先行車の減速に反応して実験参加者がブレーキを踏んだ時点のTTCを比較すると,DCA-FVCWS使用時に減速開始が早まっていたことがわかる(図4.14)。

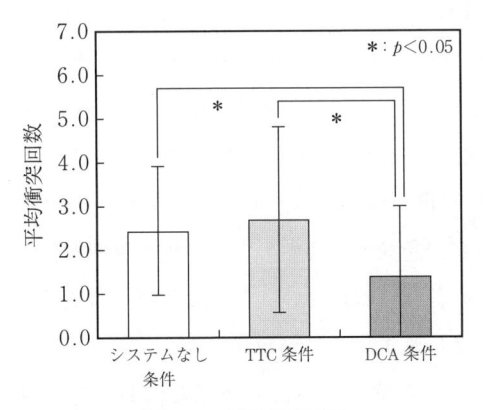

図4.13 平均衝突回数

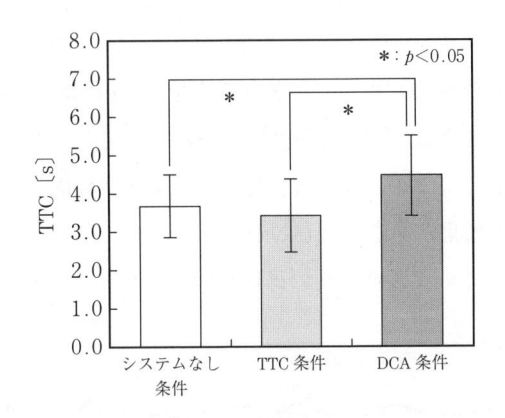

図4.14 ブレーキ踏込み時のTTC

先行車の減速パターンごとに,平均衝突回数とブレーキ踏込み時のTTCについて分析したところ,先行車が80 km/hまで加速した直後に急減速を行うパターンにおいて,DCA-FVCWSの有効性が顕著であることが確認された。このパターンでは,加速して先行車に追従した後にドライバがブレーキを踏むことになる。TTCとは異なって,DCAは自車の加速度を反映する(2.4節参

照)ので,自車が加速している状況における衝突リスクをより正しく評価でき,即座に警報を呈示できる.この違いによってドライバの回避行動が早まり,その結果として衝突回数が減少したのではないかと推察される.

一方の TTC-FVCWS を用いた際にも,このパターンにおいて一定の事故低減効果が認められたが,DCA-FVCWS ほどの効果は得られなかった.先行車が加速している状況では,自車速が先行車速よりも遅くなることもある.相対速度 v_r が負の状況,すなわち自車の速度が先行車の速度よりも遅い場合には TTC ($= -x_r/v_r$) が負の値となり,衝突リスクを評価することができない.したがって,先行車が急減速を開始しても,先行車速が自車速を下回るまでの間,TTC-FVCWS の警報は鳴らない.このことが,事故低減効果の違いを生んだ要因の一つと考えられよう.

DCA-FVCWS を使った際に,一部の被験者において「PDCA 枠が点灯したら,減速して枠を消す」といった特徴的な運転行動が見られた(**図 4.15**).実験時には,PDCA 枠の活用法について特別な指示をしていないにもかかわらず,このような行動変容が生じたことは興味深い.PDCA 枠が点灯しないように追従するということは,安全な車間距離を維持していることに等しい.その副次的な結果として,このような行動をとった被験者は衝突回数が減少しており,PDCA 枠にも効果があることがわかる.

つぎに,各条件での実験終了後に得られた,それぞれの FVCWS に対する被

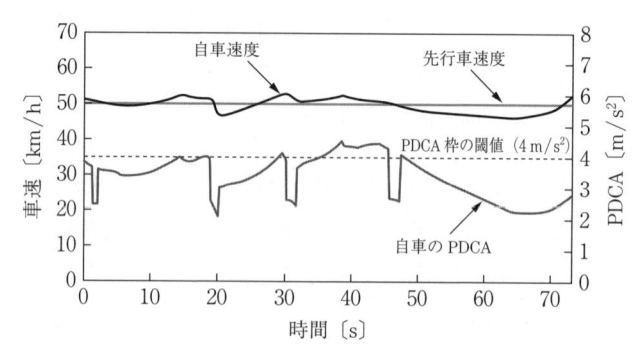

図 4.15 DCA-FVCWS を用いて追従走行した際の車速と PDCA 値

4.4 必要な減速度を呈示することによる追突警報システム

験者のコメントをまとめると，**表4.1**のようになった．DCA-FVCWSは，システムが呈示する情報の有用性を評価する意見が複数ある一方で，呈示情報が複雑であるという否定的なコメントもあった．さらに，どちらのインタフェースであっても「システムがない方が運転しやすい」という意見があるなど，このような追突警報システムにおいて，いかに視認負荷を低減するかが課題の一つといえよう．

表4.1 TTC-FVCWSとDCA-FVCWSに対するコメント

	TTC-FVCWS	DCA-FVCWS
良い点	「表示内容が単純でわかりやすい．」	「警報のタイミングが良い．」 「自分でも危険な状態なのか安全な状態なのか判断でき，運転しながら技術向上に励める．」 「運転が楽だった．」 「バーの色が変わる表示もわかりやすかった．」
悪い点	「警報の鳴る頻度が多く，そのつどブレーキをかけた．」 「この警報ではタイミングが遅すぎるので，むしろ危険．」	「バーの色を判断する余裕がない．」 「複雑すぎて運転者の補助に向かない．」

4.4.2 ウィンドシールドディスプレイを用いた追突警報システム

〔1〕 メータディスプレイにおける視覚情報呈示の問題点

前項において，DCA-FVCWSの有効性を示した．しかし，メータディスプレイ内に複雑な視覚情報を表示することは視認負荷の増大を招き，前方状況の安全確認が疎かになるおそれがあり，そのことを示唆するようなコメントも得られていた．

また，DCAを計算するためには先行車との相対速度，相対加速度，車間距離などの情報が必要である．これらの計測に用いるミリ波レーダなどの精度は日々向上しているものの，走行環境によっては計測値に大幅な誤差や時間遅れが生じる可能性は否定できず，衝突リスクを実際よりも低く見積もってしまう危険性がある．

例えば，追突警報システムの正報が続くことによってドライバが警報に対して過信すると，欠報時に回避行動が遅れてしまうことが報告されている[26]。同様に，夜間時視覚支援システムの警報機能に欠報が生じた場合においても，回避行動に遅れが生じる結果[27]が示されている。

これらの問題を解決する手法として，**ウィンドシールドディスプレイ**（windshield display, WSD）を用いた視覚情報呈示に対する期待が高まっている。WSDとは，前景に重畳してフロントガラス上に情報を呈示するものであり，ドライバが前方を向いたまま情報を確認することができるので，視認負荷の低減が期待できる。仮に欠報などが生じても，前方を見ていることにより，ドライバが自らの判断で危険に気付く可能性が高いといった副次的な効果も期待される。列車運転士の駅停止支援システムに関する研究[28]においてもWSDの利用を想定したシステムが提案されており，システムの利用によって駅停止時のブレーキ操作が滑らかになることが示されている。

WSDは研究開発が進められている段階であり，現状ではWSDを用いたシステムの導入は現実的ではない。しかし，前景に重畳して情報を呈示できる**ヘッドアップディスプレイ**（head up display, HUD）については，すでに複数の製品[29]が市販されている。さらに，メガネ型のヘッドマウントディスプレイを利用することで同様の機能を実現することもできる。このような現状からも，近い将来にWSDが急速に普及することも十分に考えられるだろう。

そこで本項では，WSD版とメータディスプレイ版のDCA-FVCWSの比較実験を行った研究[30]について簡単に紹介しよう。

〔2〕 **ウィンドシールドディスプレイ版 DCA-FVCWS**

夜間時視覚支援システムの赤外線映像上に，歩行者や先行車に対するリスクとして，DCAの値に応じた色変化枠を重畳表示する方法[27]や，駅停止支援システム[28]においても色変化枠を用いた視覚情報呈示法が提案されている。

これらの知見を参考にして，ドライビングシミュレータの前方映像をフロントガラスに見立て，前方映像上の先行車を囲むように色変化枠を表示するシステムを構築した（**図 4.16**（a））。枠の色は先行車に対するODCAの値に応じ

4.4 必要な減速度を呈示することによる追突警報システム

枠の色
0.1 m/s² …… 緑
3.0 m/s² …… 黄
6.0 m/s² …… 赤

・ODCA＜0.1 m/s² の場合。
・減速が十分な場合には枠は表示されない。

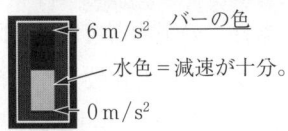

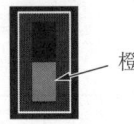

（a）ウィンドシールドディスプレイ版

バーの色
6 m/s²
水色＝減速が十分。
0 m/s²

橙色＝減速が不十分。

（b）メータディスプレイ版（比較対象）

図 4.16　ウィンドシールドディスプレイを用いた DCA-FVCWS と比較対象となるメータディスプレイ内に表示する DCA-FVCWS（比較対象）

て，$0 \sim 6\,\mathrm{m/s^2}$ の範囲で緑色から赤色に連続的に変化する．ただし，ODCA の値が $0.1\,\mathrm{m/s^2}$ 以下の場合や，自車の現在の減速度が衝突を回避するのに十分な場合には色変化枠は表示しない．

〔3〕ドライビングシミュレータ実験による効果評価

図 4.16（a）に示した WSD 版 DCA-FVCWS の有効性を評価するために，ドライビングシミュレータを用いて

1) システムなし条件
2) メータ条件（図 4.12（a）のメータディスプレイ版 DCA-FVCWS を用いる．ただし，同条件で比較するために図 4.16（b）のように PDCA 枠を省略する．）
3) WSD 条件（図 4.16（a）のウィンドシールド版 DCA-FVCWS を用いる．）

の 3 条件で比較する被験者実験を行った．

実験コースは幅 7.0 m の片側 2 車線で一方通行の直線道路で，自車両はコースの左側車線を走行し，自車前方に 1 台の先行車と右側車線に 1 台の並走車が

走行する.先行車は 50 km/h または 80 km/h の一定速から 0.2 G または 0.4 G で減速する.1 条件中,先行車はこの 4 パターンの減速をランダムな順番で 4 回ずつ合計 16 回行う.ただし,メータ条件,WSD 条件では,欠報条件がそれぞれ 4 試行ずつ含まれる.この実験における欠報とは,「衝突リスクについて本来呈示されるべき情報が呈示されないこと」である点に注意されたい.

各走行条件での平均衝突回数を図 4.17 に示す.メータ条件,WSD 条件ともにシステムなし条件と比較して有意に事故回数が減っているが,メータ条件と WSD 条件の間で有意な差はない.

続いて,ブレーキ踏込み時の TTC を図 4.18 に示す.システムなし条件,

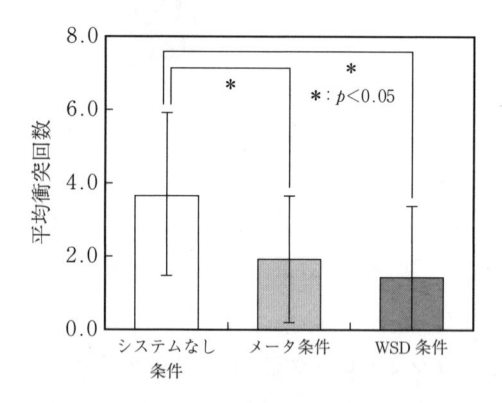

図 4.17 平均衝突回数

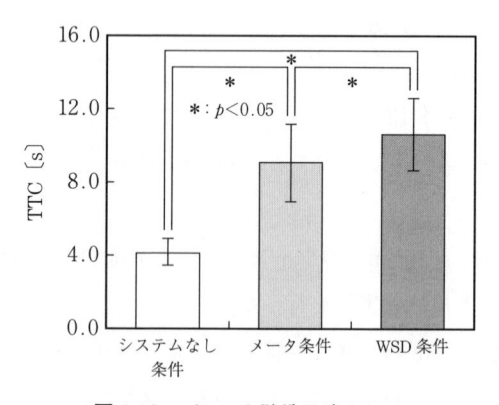

図 4.18 ブレーキ踏込み時の TTC

メータ条件，WSD条件の順にTTCの値が有意に大きくなっている。この結果は，システムの呈示によって実験参加者の回避タイミングが早まっただけでなく，WSD条件の方がメータ条件よりも安全側の値となっていたことを示している。ただし，これらは各条件で4回ずつ欠報時のデータを含んでいることに注意しなければならない。

そこで，各条件における12回の正報時と4回の欠報時それぞれの平均反応時間を個別に見てみよう（図4.19）。ここで，反応時間とは，先行車が減速を開始してから実験参加者がブレーキを踏み込むまでの時間とする。図4.19（a）に示した正報時には，システムなし条件に比べてメータ条件，WSD条件で大幅に反応時間が短縮しており，さらにメータ条件よりもWSD条件において短縮している。メータ画面にバーを呈示するメータディスプレイでは，メータ画面の方を見て呈示情報を確認する必要があるが，WSDを模したシステムでは視線を移さずとも確認することができる。すなわち，メータディスプレイに比べてWSDでは衝突リスクの認知に要する時間が短くなり，結果としてブレーキを踏み込むタイミングが早まったと考えられる。一方，図4.19（b）に示した欠報条件では，WSD条件における反応時間がシステムなし条件と比較して有意に長くなっていることがわかる。

実験終了後の「どちらの方が表示を確認するのが楽だと感じたか」という視

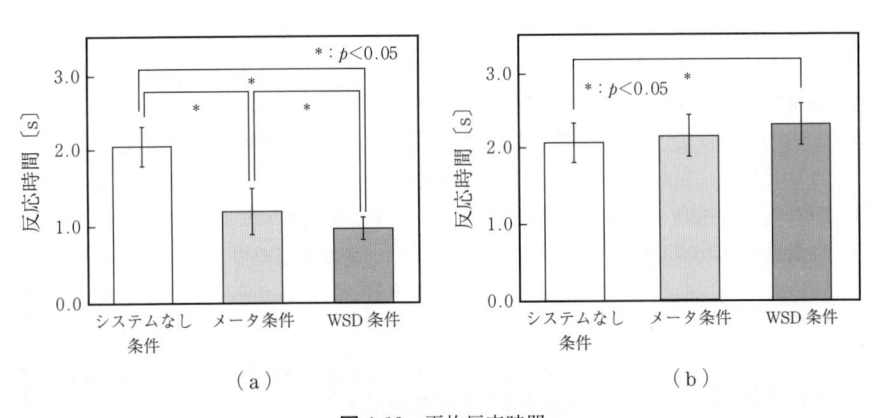

図4.19 平均反応時間

認負荷に関する問いに対しては，12名中9名の実験参加者がWSDを用いたシステムと回答した。さらに，「現実の運転でどちらのシステムを利用したいか」という問いに対しては，この9名中7名がWSDを選択したが，その理由として，「メータディスプレイを見なくてよい」「衝突の危険性が楽にわかる」「視野に入りやすい」といったコメントが得られた。これはWSDを用いることの有用性を示す結果である。

その一方で，「システムの衝突リスク評価が正しくない場合，どちらのシステムの方が危険だと思うか」という質問に対して，5名の実験参加者がWSDの方が危険だと回答しており，その理由として，「見えやすい分，システムを

コラム

自動車におけるHUDの展開

　最近の自動車の車室内には大量の視覚情報があふれている。従来からある速度計，回転計だけでなくて，燃費計，ハイブリッド車におけるエネルギー回生状況（バッテリー使用・充電状況），カーナビゲーションシステムによる経路案内情報，現在再生中の音楽情報等々。さらには，ACCやFVCWSの情報や警報や，夜間時視覚支援システムの赤外線カメラ映像や駐車支援システムのカメラ映像なども表示する。

　従来は，これらの視覚情報をメータディスプレイとカーナビゲーションシステムのディスプレイの2箇所に表示していたが，いよいよ表示する場所が枯渇してきている状況にある。そこで，近年一部の市販車に標準装備され出しているのが，HUDである。HUDとは，フロントガラスや透過式スクリーンに情報を呈示するシステムであり，メータディスプレイやカーナビディスプレイよりも視線移動が少ない，前景との焦点距離の移動量が短い，などの利点がある。

　HUDに映し出される情報としては，車速やナビの経路案内（何m先の交差点をどちらに曲がるかなど）といったものが多い。さらに，カーナビやスマートフォンと連動した後付け型のHUDも少しずつ市販されており，今後も急速に市場が拡大する可能性は高いだろう。また，メガネ型のウェアラブル端末が市場に出つつある現状を鑑みると，今後は車載システムからウェアラブル端末へ情報を転送し，表示することも予想される。ただし，ウェアラブル端末を装着したまま自動車を運転することが，安全性に影響があるか検証した上で，法的に認められるか否かを議論することが急務である。

過大評価してしまう」「枠に頼りすぎてしまう」といった意見があった。

　実験結果と主観評価結果をまとめると，メータディスプレイを用いる場合に比べると，WSDを用いたシステムは視認負荷が低く，正報時における有用性が高い．これは，WSD導入の目的を達成しているといえる．しかしながら，使い勝手がいいゆえにシステムに対する過信を強めてしまい，かえって欠報時の反応が遅れてしまうことを示唆する結果も得られた．これは，一種のリスク補償行動の発現と捉えることができる．つまり，抜本的に安全性を高めるには，ドライバの目標リスク水準を下げる対策が必須であることを示唆する結果といえよう．この対策の一部については，6.3節において後述する．

引用・参考文献

1) A. L. Burgett, A. Carter, R. J. Miller, W. G. Najm, and D. L. Smith: A collision warning algorithm for rear-end collisions, (98-S2-P-31), NHTSA (1998)
2) K. Lee and H. Peng: Evaluation of automotive forward collision warning and collision avoidance algorithms, Vehicle System Dynamics, Vol. 43, No. 10, pp. 735-751 (2005)
3) T. B. Wilson, W. Butler, D. V. McGehee, and T. A. Dingus: Forward-looking collision warning system performance guidelines, SAE Technical paper, 970456 (1997)
4) ISO: Transport information and control systems – Forward vehicle collision warning systems – Performance requirements and test procedures, ISO15623 (2002)
5) G. Abe and J. Richardson: The influence of alarm timing on braking response and driver trust in low speed driving, Safety Science, Vol. 43, Issue 9, pp. 639-654 (2005)
6) A. H. Jamson, F. C. Lai, and O. M. Carsten: Potential benefits of an adaptive forward collision warning system, Transportation research part C：emerging technologies, Vol. 16, No. 4, pp. 471-484 (2008)
7) A. Koustanaï, V. Cavallo, P. Delhomme, and A. Mas: Simulator Training With a Forward Collision Warning System Effects on Driver-System Interactions and Driver Trust, Human Factors：The Journal of the Human Factors and

Ergonomics Society, Vol. 54, No. 5, pp. 709-721 (2012)
8) T. Suetomi and K. Kido: Driver Behavior Under Collision Warning System-A Driving Simulator Study, SAE Technical Paper 970279 (1997)
9) 鈴木桂輔, 丸茂喜高:システム限界時におけるドライバの運転特性 (低速ACCのシステム限界警報の設定タイミングに関する考察), 日本機械学会論文集C編, Vol. 69, No. 685, pp. 2431-2436 (2003)
10) 牧下 寛:安全運転の科学, 九州大学出版会 (2006)
11) M. Itoh and T. Inagaki: Dependence of Driver's Brake Timing on Rear-End Collision Warning Logics, In Proc. 8th Int. Conf, Advanced Vehicle Control (AVEC), pp. 596-601 (2008)
12) T. Kamada, N. Miyoshi, and M. Nagai: Experimental study on forward collision warning system adapted for driver characteristics, Journal of Mechanical Systems for Transportation and logistics, Vol. 1, NO. 2, pp. 223-230 (2008)
13) R. E. Llaneras, C. A. Green, R. J. Kiefer, W. J. Chundrlik, O. D. Altan, and J. P. Singer: Design and evaluation of a prototype rear obstacle detection and driver warning system, Human Factors：The Journal of the Human Factors and Ergonomics Society, Vol. 47, No. 1, pp. 199-215 (2005)
14) J. J. Scott and R. Gray: A comparison of tactile, visual, and auditory warnings for rear-end collision prevention in simulated driving, Human Factors：The Journal of the Human Factors and Ergonomics Society, Vol. 50, No. 2, pp. 264-275 (2008)
15) 丸茂喜高, 菊地一範, 鈴木桂輔:運転支援システムの機能限界時におけるドライバの運転行動 (低速域追従システムに対する理解度が運転行動に及ぼす影響), 日本機械学会論文集C編, Vol. 71, No. 710, pp. 3003-3011 (2005)
16) 伊藤 誠, 渡邊智裕, 稲垣敏之:低速域ACCの機能限界警報がドライバの状況認識に及ぼす影響. ヒューマンインタフェース学会研究報告集：human interface, Vol. 7, No. 1, pp. 19-24 (2005)
17) J. D. Lee, D. V. McGehee, T. L. Brown, and M. L. Reyes: Collision warning timing, driver distraction, and driver response to imminent rear-end collisions in a high-fidelity driving simulator, Human Factors：The Journal of the Human Factors and Ergonomics Society, Vol. 44, No. 2, pp. 314-334 (2002)
18) J. Meyer: Conceptual issues in the study of dynamic hazard warnings, Human Factors, Vol. 46, No. 2, pp. 196-204 (2004)
19) 伊藤 誠:状況認識の強化とACC機能限界の理解支援のための減速度表示,

計測自動制御学会論文集, Vol. 44, No. 11, pp. 863-870 (2008)
20) 狩野紀昭, 瀬楽信彦, 高橋文夫, 辻 新一：「魅力的品質と当たり前品質」, 品質, Vol. 14, No. 2, pp. 147-156 (1984)
21) R. Parasuraman and V. A. Riley: Humans and automation：Use, misuse, disuse, abuse, Human Factors, Vol. 39, No. 2, pp. 230-253 (1997)
22) 安部原也, 伊藤 誠, 山村智弘：警報タイミングの違いによる正警報および欠報に対する減速行動への影響に関する考察, ヒューマンインタフェース学会論文誌, Vol. 11, No. 3, pp. 43-55 (2009)
23) 平岡敏洋, 高田翔太：衝突回避減速度による衝突リスクの評価, 計測自動制御学会論文誌, Vol. 47, No. 11, pp. 534-540 (2011)
24) 高田翔太, 平岡敏洋, 川上浩司：衝突回避減速度に基づく前方障害物衝突防止警報システムが運転行動に与える影響, 自動車技術会論文集, Vol. 43, No. 2, pp. 619-625 (2012)
25) P. M. Fitts and C. M. Seeger: S-R Compatibility：Spatial characteristics of stimulus and response codes, Journal of Experimental Psychology, Vol. 46, pp. 199-210 (1953)
26) 安部原也, 伊藤 誠, 田中健次：誤警報および不警報が前方衝突警報システムに対するドライバの信頼と運転行動に与える影響, ヒューマンインタフェース学会論文誌, Vol. 8, No. 4, pp. 85-92 (2006)
27) 平岡敏洋, 増井惇也, 西川聖明：夜間時視覚支援システムに対するリスク補償行動の分析, 計測自動制御学会論文集, Vol. 46, No. 11, pp. 692-699 (2010)
28) 丸茂喜高, 佐藤洋康, 綱島 均, 小島 崇：列車運転士の駅停止支援システムに関する研究（予想停止位置呈示による運転士の認知・判断支援）, 日本機械学会論文集 C 編, Vol. 76, No. 770, pp. 2500-2507 (2010)
29) 張 勇祥：ヘッドアップディスプレー搭載カーナビ（パイオニア）— 視線移動を最小に —, 日経ビジネス, Vol. 1646, pp. 150-152 (2012)
30) 高田翔太, 平岡敏洋, 川上浩司：ウインドシールドディスプレイを用いた衝突回避減速度の視覚情報提示に関する実験的考察, 自動車技術会論文集, Vol. 44, No. 3, pp. 937-942 (2013)

5 自動ブレーキ

　追突の危険が迫っているとき，警報を呈示するだけでは事故を回避できないこともある．緊急事態においては，人間が正確・迅速に対応できない場合には，システムが自動的にブレーキ操作を行うことも必要である．しかし，自動ブレーキの実現については，単に機械技術として組み上げられればよいというものではなく，自動車の運転の主体は誰なのか（安全の責任を負うのは誰なのか）という問いにつながる繊細な問題を解決する必要がある．
　本章では，自動ブレーキに関する基本的な考え方と歴史的経緯，具体的な実現方法の一例について述べる．

5.1　被害軽減ブレーキと追突回避ブレーキ（AEBシステム）

　3章で述べた人間中心の自動化の原則を厳格にブレーキ操作にあてはめて考えるならば，追突回避のためのブレーキ操作を行うかどうかの意思決定はドライバが行わなければならないことになる．しかし，きわめて緊急性の高い状況においては，人間が正しく状況を理解し，なすべき行動を判断してただちに実行することが困難な場合もある．そのような場合において，かたくなに「人間中心の自動化」の原則を押し付けてしまうと，システムとしては有効な支援をドライバに提供できなくなってしまう．そこで，通常時は人間が操作をしつつも，人間の対応能力を超えるような状況において，システムの側に対処の余地があるならば必要な操作を実行するべきであるとするアダプティブオートメーションの考え方が重要となる（3.2節参照）．緊急時の自律的なブレーキ操作を行うシステムは，欧米ではAEB systemという名称で呼ばれている．

5.1 被害軽減ブレーキと追突回避ブレーキ（AEBシステム）

　自動車のブレーキ操作に関するアダプティブオートメーションは，初めにいわゆる「衝突被害軽減ブレーキ」（前方障害物衝突軽減制動装置）として実現された[1]。この衝突被害軽減ブレーキでは，追突の危険が迫っているときに，もしドライバが何らの対応操作をしなかったとしても，追突が回避できないことがほぼ確定的である場合には，システムが自動的にブレーキ操作を行う（**図5.1**）。なお，ここでの「追突が回避できないことがほぼ確定的な場合」について，第3期ASVの報告書[1]にある前方障害物衝突軽減制動装置の実用化指針では，TTC=0.6という値が設定されている。このシステムは，ドライバの減速操作の意図を確認することなく，ブレーキ操作を行いうるという意味で，「人間中心の自動化」の原則を逸脱するものであるということができる。

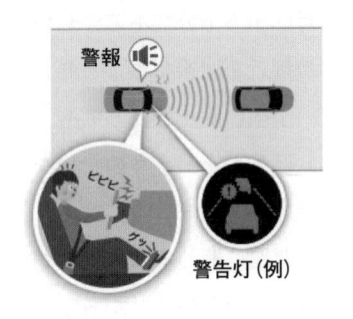

（a）警報に反応して止めた場合　　（b）被害軽減ブレーキが作動した場合

　被害軽減ブレーキとは，カメラやレーダなどで前の自動車を検知して，追突するおそれがある場合には，音や警告灯などでドライバーに警告してブレーキ操作による衝突回避を促し（図（a）），さらにブレーキ操作がなく，このままでは追突が避けられないとシステムが判断した場合には，被害を軽減するため自動的にブレーキが作動する（図（b））装置のことである。
　ただし，条件によっては作動しない場合がある。

図5.1　ASVで示されている衝突被害軽減ブレーキ（前方自動車との衝突に対して）[2]

　「人間中心の自動化」の原則が順守されるべきであるとするなら，なぜこの原則を破ることが許されるのだろうか。実際に衝突することによって生じる被害は，衝突時の相対速度の2乗に比例する。衝突を免れないとしても，速度を落とせば，死亡事故の回避，もしくは重傷となるべきところを軽傷にとどめることができるかもしれない。このことを踏まえ，大げさにいえば，原則に準じ

るのではなく，生命の確保を優先すべきであると考えればこそ，自動制御による被害軽減ブレーキが許容されうる。このゆえに，衝突被害軽減ブレーキは，アダプティブオートメーションの一例として（学術的な意味での）価値が認められる。アダプティブオートメーションの有用性はすでに20年以上も前から指摘されてきたが，衝突被害軽減ブレーキの商品化とその普及は，そうした学術的知見の正しさを裏打ちするものであるように思われる。

　学術的（工学的）に被害軽減ブレーキが必要であるとしても，それが商品として市場に出回るためには，現状の法体系に整合するものでなければならない。この点において，衝突被害軽減ブレーキは，ドライバが安全確保の責任を有することを前提としている。先行車に対する追突が発生するのは，あくまでも，先行車への接近に対する自車ドライバの対応が不十分であるからであり，衝突被害軽減ブレーキは，そもそも先行車への接近を回避することを目的としたものではない。したがって，追突が免れない事態に陥ったとしても，そのこと自体に対して衝突被害軽減ブレーキシステムは責めを負うものではない。

　衝突被害軽減ブレーキに対するもう一つの懸念は，システムに対するドライバの過信・過度な依存であった。しかし，この問題に関しては，衝突が免れない状況になるまでシステムが積極的な減速制御は行わないことから，そのようなシステムに対してドライバが必要以上に依存してしまう（過度な依存をする）と懸念することは現実的ではない。実際，そうしたシステムをドライバが過信したり，過度に依存してしまうという事例は見られていない。

　ここまで見てきたように，衝突被害軽減ブレーキは，衝突という事象が発生することを前提としたものであるがゆえに，法的な責任論[3]や，過信・過度な依存の問題をうまく回避できていた。

　しかし，システムが持つ潜在的な能力としては，衝突を回避しようと思えばできなくはない。回避できる能力があるのにそれを行使しないというのは，むしろ好ましくないようにも思われる。システムの能力をもっと積極的に活用しようという機運が高まったのは，むしろ自然な流れであったといえよう。

　追突回避ブレーキの実用化に即して（日本国内で）最も問題となったのは，

過信・過度な依存をいかにして抑制可能かということである．人間中心の自動化の原則を逸脱しているという点では，被害軽減であれ，追突回避であれ同様である．また，責任に関しては，追突回避を行うブレーキであっても，あらゆる場面で追突回避を保証するものではないことから，安全確保の責任は依然としてドライバにある．しかし，「システムが追突を回避するべく自律的に作動する」という場合，そうしたシステムに対してドライバが過度な信頼を置いたり，必要以上に依存してしまうという懸念は残る．追突回避ブレーキを日本で商品として販売するにあたっては，過信を抑制するために配慮するべき事項を指針として国土交通省が整理している．具体的には，システムが行う制動の減速度を0.6G以上にすることや，ジャークを大きくすることなど，あえて「不快」な制御とすることによって，そうしたシステムに対してドライバが頼ろうとしすぎないようにしている（巻末の付録A.4参照）．

このような指針が明確に定められたことにより，日本系の自動車各メーカも商品として追突回避ブレーキを出しやすくなり，今日の隆盛に至っている．

しかし，あえて不快な制御にすることによって過信を防ぐというアプローチが，真に理想的なものであるかどうかは，議論の余地のあるところといえよ

コラム

黒船の襲来

衝突することを前提とした被害軽減ブレーキではなく，衝突を積極的に回避するシステムとして世界で最初に商品として世に出たのは，Volvo社のCity Safetyである．著者らが，科研費の研究プロジェクトとして，自動回避をも視野に入れたシステムの研究を開始したのが2006年度であったが，City Safetyが世に出始めたのは2008年である．その一報を聞いたときの著者の感想は「やはりきたか」というものであったが，それがXC60という「黒船」であったことは，日本人として少々残念であったというのが正直なところである．現行の自動ブレーキシステムの普及度合いを見ればわかるように，日本の自動車メーカ・サプライヤには，そうした製品を世に出す力は十分にあったのである．そうしたシステムがもたらす価値，ビジョンを呈示し，世の中をリードすることができるかどうかが問われている．

う．次節以降では，スムーズなブレーキを実現しつつ，それが過信や過度な依存をもたらさないようにするための工夫について，研究例を紹介する．

5.2 熟練ドライバの減速行動モデルに基づく追突回避ブレーキ

追突回避ブレーキを構成するには，ブレーキ開始タイミングと，その後の減速パターンを決定する必要がある[4]．一般には TTC によってブレーキタイミングを決定し，その後，技術指針を満たすように，ある一定以上の減速度でブレーキングを行い，あえて不快にする手法などが考えられる[5]．

一方，比較的リスクの低い領域からスムーズに減速を実現する手法も考えられる．比較的早期からブレーキ介入を行うことで，追突回避の可能性が高まるが，早すぎる介入はドライバの減速操作と**干渉**（interference）する可能性が高まる．また，ドライバがシステムに過度に依存する可能性がある．これに対し，**熟練ドライバ**（skilled driver）などのブレーキタイミングや減速パターンなどを理解し，これを基にしたブレーキ制御則を導出することで，ドライバ親和性の高いシステムが実現可能と思われる．

追突リスク指標はドライバの危険感などに強く関連することから，リスク指標を用いたドライバ減速行動解析に基づき，ドライバの減速行動のモデルを導出する．またそのモデルに基づく，自動ブレーキ制御手法の設計法への応用例を挙げる．ここではドライバのリスク認知指標のうち，KdB および KdBc を，自動ブレーキ制御手法に応用した例を示す．

5.2.1 問題設定

同一車線を追従して走行する状況を想定する．追従している車両のドライバに何らかのエラーが生じて，先行車の減速などに気付かない場合に追突事故が発生する．このような状況においていち早く危険を検出し，必要に応じて減速介入制御を行うことで，追突事故を防止することを考える．

ドライバ減速特性を考慮した減速アルゴリズムが重要であるが，このような

システムの実現には，少なくとも以下の問題を解決する必要がある．

1）いつ減速支援制御を開始するか．
2）どのような減速パターンにて減速を実施するか．
3）どのような状態で制御を終了するか．

一方，先行車と自車の2車両の状態は，相対速度 v_r，先行車速度 v_p，相対位置 x_r にて記述できる．よって，状態変数 $[v_r, v_p, x_r]$ を用いて上記三つをどのように決定するかという問題と理解できる．これに対して，ドライバの違和感を低減する目的で，ドライバのリスク感覚を導入することによって解決を図ることを考える．つまり，ドライバの接近リスク感覚を $[v_r, v_p, x_r]$ を用いていかに表現し，それを利用するかが課題となる（図 5.2）．

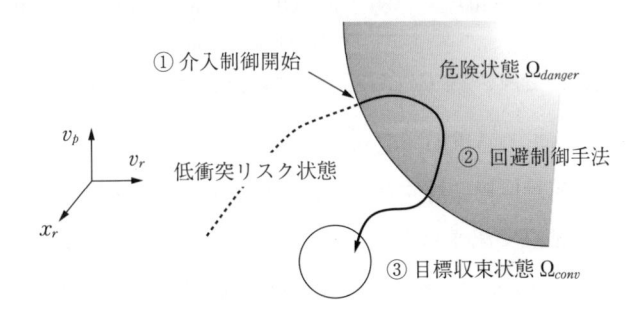

図 5.2 2 車両間の状態を示すイメージ図

5.2.2 KdB による熟練ドライバの減速パターンの特徴付け

ドライバの減速行動は交通状況などに応じて大きく変化し，同一ドライバであってもまちまちであり，数理モデリングは困難を極める．ただし，衝突回避ブレーキの設計を目的としているため，衝突が差し迫った状態における減速行動（**追込みブレーキ**（last-second braking））は，個人内では比較的ばらつきが小さいと期待される．そのような追込みブレーキは基本的には先行車に対する衝突リスクによって規定されていると考えられる．このような考え方に基づき，衝突リスク指標 KdB によって熟練ドライバの追込みブレーキの解析が行われた[6), 7)]．図 5.3 に，40 km/h で走行する先行車に 80 km/h で接近し，減

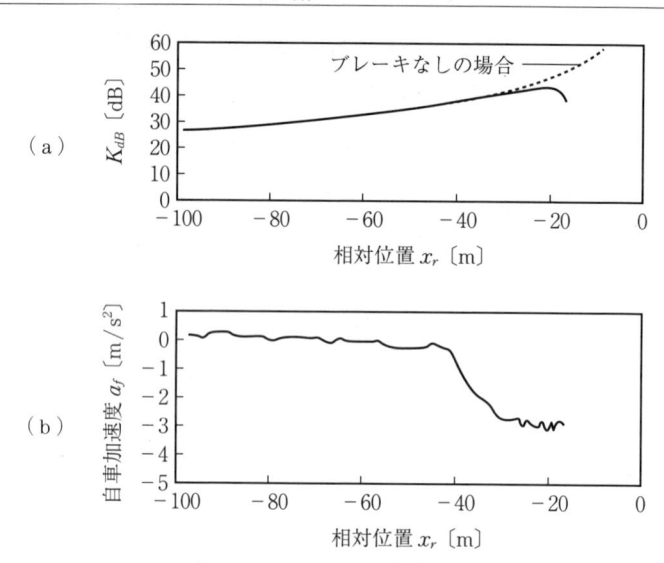

図 5.3 熟練ドライバの減速行動計測結果例（文献 7)より改変)

速した場合の KdB と，自車加速度 a_f の計測結果例を示す．

図 5.3 (b) は相対位置に対する自車減速度を表しており，この例ではおよそ $x_r = -40$ m の地点で減速を開始している．このブレーキパターンを何らかの数式で表現したい．しかしながら，先行車の速度や，自車の速度はまちまちであり，さまざまな接近状態に対して，統一的な数式によって減速パターンをモデル化する必要があるが，この図を見てもわかるとおり，特徴を見いだすのは困難である．一方，図 5.3 (a) の KdB の変化から，ブレーキ開始地点あたりから，直線的に KdB が増加していることがわかる．この例をはじめ，さまざまな接近状況に対しても同様の傾向が見受けられた．ここで得られた特徴は以下のとおりである（**図 5.4**)．

Phase I) 勾配一定相：ブレーキ開始直後から，K_{dB}-x_r 平面にて KdB が勾配一定に変化する．つまり，$dK_{dB}(t)/dx_r = dK_{dB}(t_{bi})/dx_r$ である．ここに t_{bi} はブレーキ開始時刻である．

Phase II) ピークホールド相：$v_r = 0$ まで減速度が保持される．

先行車が一定速度で走行している状況に限定すると，Phase I の勾配一定相

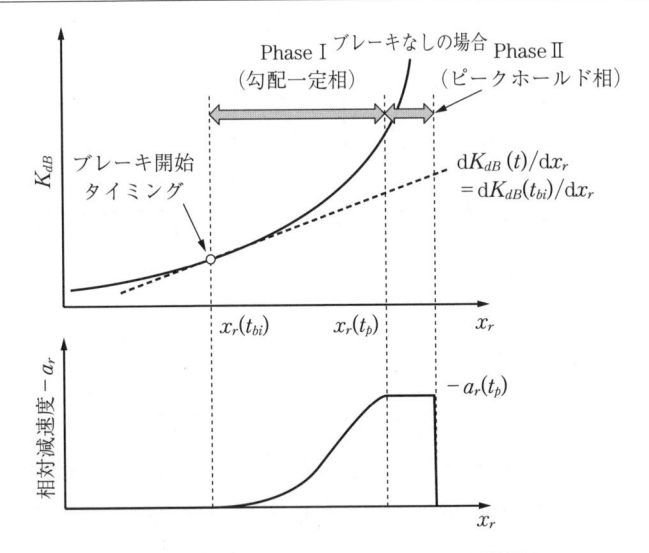

5.2 熟練ドライバの減速行動モデルに基づく追突回避ブレーキ

図 5.4 熟練ドライバの減速パターンの模式図

における減速度パターン，および相対速度パターンは，それぞれ式 (5.1)，(5.2) で表される。

$$a_r(t) = \left(\frac{3}{x_r(t)} - \frac{3}{x_r(t_{bi})}\right)v_r^2(t) \tag{5.1}$$

$$v_r(t) = v_r(t_{bi})\frac{x_r^3(t)}{x_r^3(t_{bi})}\exp\left\{\frac{3}{x_r(t_{bi})}\bigl(-x_r(t)+x_r(t_{bi})\bigr)\right\}$$

$$= v_r(t_{bi})\xi^3(t)\exp\bigl\{3(1-\xi(t))\bigr\} \tag{5.2}$$

ただし，$\xi = x_r(t)/x_r(t_{bi})$ である。式 (5.1) は，ブレーキ開始地点における相対位置と，その後の時々刻々の相対速度，相対位置だけから，相対加速度が算出できることを表している。同様に式 (5.2) は，相対速度はブレーキ開始地点の相対位置，相対速度と，時々刻々の相対位置のみからその後の相対速度が定まることを表している。

図 5.5 に，式 (5.1)，(5.2) によって得られた減速度および相対速度パターンを示す。$v_r = 20\,\mathrm{km/h}$ とし，減速開始相対位置 $x_r = -25\,\mathrm{m}$ と $-50\,\mathrm{m}$ とし

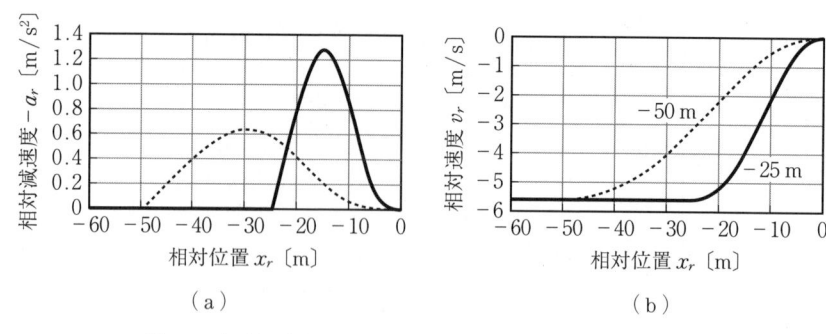

図 5.5 勾配一定相モデルによる減速度および速度パターン

た。式 (5.1), (5.2) という簡単な式にてスムーズな減速パターンが生成できる。特に, 減速開始時は比較的減速度の立上りが急であるが, 最後に減速度はなめらかなカーブで 0 に収束する。このように, どのような接近状態で先行車に接近している場合であっても, 同一の単純な式のみで, 減速パターンが表現できる点が重要である。

なお, 小さな車間距離で減速を開始するとピーク減速度が大きくなる。その減速度が実現できれば, 本減速パターンでは最終的に, 先行車に接触した時点でちょうど $v_r=0$ になる (停止する)。なお, 実際にはピークホールド相のように, より大きな減速度が働くため, 必ず衝突を生じないことに注意されたい[7]。

5.2.3 KdBc による熟練ドライバのブレーキタイミングの特徴付け

前項ではブレーキ開始後の減速度パターンが KdB により特徴付けられることを示した。一方, 先行車に対してさまざまな相対速度などで接近する場合に, いつブレーキを開始するか, そのタイミングを予測することは衝突回避ブレーキを設計する上で重要である。しかし, ドライバの減速開始タイミングは, 追込みブレーキのみを対象としても交通状況により大きく異なり, 多様な接近状況において統一的にブレーキタイミングを予測することは, 困難であった。減速パターン同様, 追込みブレーキは基本的には先行車に対する衝突リス

5.2 熟練ドライバの減速行動モデルに基づく追突回避ブレーキ

クによって規定されていると考えられるという考えに基づき,衝突リスク指標によって熟練ドライバの追込みブレーキの解析が行われた[8]。リスク指標 KdB を用いた結果,TTC などを用いた指標よりも比較的良好なモデルを構築できたが,先行車速度が大きく変化する場合にモデル化誤差が大きくなった。そこで,車間距離と相対速度のみで規定される KdB に,先行車の速度を加味した,KdBc を用いてブレーキ開始タイミングを解析した(図 5.6)。その結果,式(5.3)で表現されるブレーキ判別式が導出された[8]。つまり,v_r, v_p, x_r の非線形関数 $\phi(v_r, v_p, x_r)$ が 0 となるときにブレーキを開始するというモデルである。

$$\begin{aligned}\phi(v_r, v_p, x_r) &:= K_{dBc}(a) - b\log(-x_r) - c \\ &= 10\log(v_r + av_p) + \beta\log(-x_r) + \gamma \\ &= 0 \end{aligned} \quad (5.3)$$

ただし,接近する状況のみを扱うため,$v_r + av_p > 0, x_r < 0$ と仮定している。また各係数 a, b, c (a, β, γ) は実験により求められる定数である。

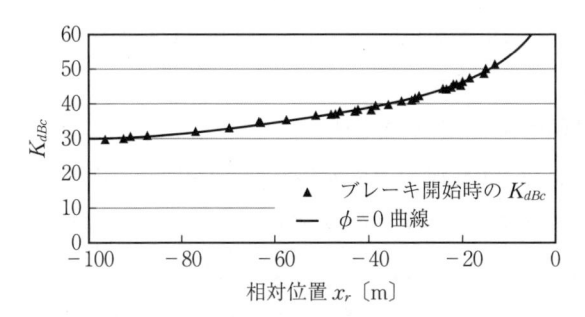

図 5.6 K_{dBc}-x_r 平面における熟練ドライバのブレーキ開始タイミング(文献 5)より改変)

なお,交通事故ミクロデータと通常運転のブレーキタイミングを解析した結果から,精度良く事故データと安全運転が分離できることが示されている[8](図 5.7)。

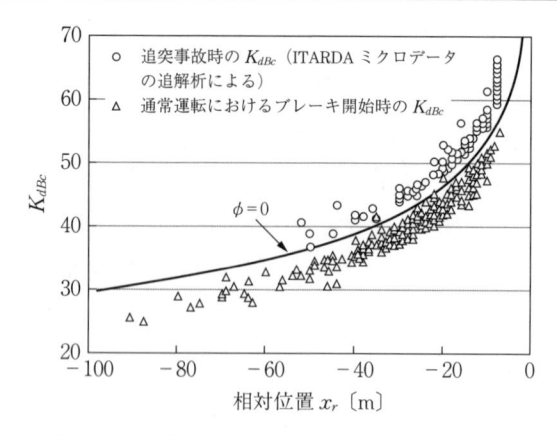

図 5.7 追突事故時と平時運転時の K_{dBc} とブレーキタイミングモデル $\phi=0$ (文献 5) より改変)

5.2.4 熟練ドライバの減速行動解析に基づく追突回避ブレーキ手法の例

5.2.2 項の熟練ドライバの減速パターンのモデルと,5.2.3 項の熟練ドライバの減速開始タイミングを用いることで,自動ブレーキシステムが構築可能である[7),9)]。

〔1〕 減速開始タイミング決定法

導出されたブレーキ判別式はドライバが減速を開始する平均的位置であるため,このままシステムに導入した場合には,ドライバが減速を開始しようと思ったときにシステムが介入してくることとなる。そこで,式 (5.3) にオフセット ϕ_0 を付加し,式 (5.4) が満たされた状態を危険状態 Ω_{danger} と定義し,この条件が満たされた場合に自動ブレーキを開始する。

$$\phi(v_r, v_p, x_r) \geq \phi_0 \tag{5.4}$$

〔2〕 目標収束状態

比較的早期の介入制御を実現するにあたっては,ドライバの通常運転へのリカバーや,周辺交通環境への影響を考慮することが重要であり,減速制御によって衝突回避した後に最終的にどのような状態に収束させるかを定義する必要がある。一般には THW によって追従行動を規定することが多い[10)]が,ここ

5.2 熟練ドライバの減速行動モデルに基づく追突回避ブレーキ

ではリスク指標 ϕ に基づいてこの収束状態を決定する[9]。

ここで，関数 $\phi(v_r, v_p, x_r)$ が大きくなるほど衝突リスクが大きいため，これ自体がブレーキ行動に関連する衝突リスク感覚を反映する指標として扱う。そこで安全マージンを考慮し，$\phi_{safe}(<0)$ のオフセットを設けた状態 Ω_{conv} である式 (5.5) への収束を考える。

$$\phi(v_r, v_p, x_r) \geqq \phi_{safe} \tag{5.5}$$

ここで，収束点は必ず $v_r=0$ であると考え，これを式 (5.5) に代入し，相対位置 x_r について解くことにより，式 (5.6) の相対位置を得る。

$$x_r^{conv} = -\left(10^{-\frac{\phi_{safe}-\gamma}{10}} \times av_p\right)^{-\frac{10}{\beta}} + x_r^{offset} \tag{5.6}$$

ただし，$v_p=0$ で相対位置が $x_r=0$ とならないよう，安全側のオフセット x_r^{offset} (<0) を加えている。

先行車速度 v_p が与えられることによって収束車間距離が決定される。式 (5.6) を最終的な相対位置に設定することで，最終的に $\phi < \phi_{safe}$ が実現される。

〔3〕 減速パターンの生成手法

5.2.2項の熟練ドライバの減速パターンの定式化より，(Phase I) 勾配一定相，(Phase II) ピークホールド相が得られたが，ピークホールドは先行車状態変化など環境変化に対して対応しにくいため，勾配一定相の減速パターンに基づき，減速支援システムの減速度パターンを生成する。

熟練ドライバの減速パターンの式 (5.2) を基に，式 (5.7) の目標速度パターンを生成する。

$$v_r^d(t) = v_r(t_{bi})\bar{\xi}^3(t)\exp\{3(1-\bar{\xi}(t))\} \tag{5.7}$$

$$\bar{\xi} = \frac{x_r(t) - x_r^{conv}}{x_r(t_{bi}) - x_r^{conv}} \tag{5.8}$$

式 (5.7) を適切なブレーキ制御則で実現することにより，x_r が x_r^{conv} に収束する。

〔4〕 ブレーキ制御の流れ

以上をまとめたブレーキ制御の流れを**図5.8**に示す。時々刻々得られる $v_r(t)$, $x_r(t)$ および $v_p(t)$（または $v_f(t)$）を用いて，$\phi(v_r, v_p, x_r)$ を計算し，式 (5.4) が成立した場合に，減速支援制御を開始する。目標速度プロファイルは，式 (5.7) に基づいて求める。最後に，$v_r(t) \leq 0$ が満たされたら減速制御を終了する。

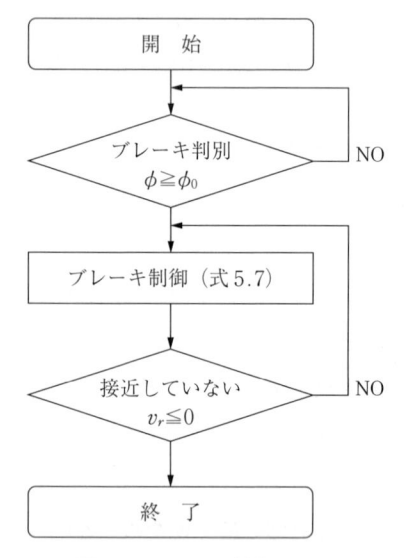

図5.8 ブレーキ制御の流れ

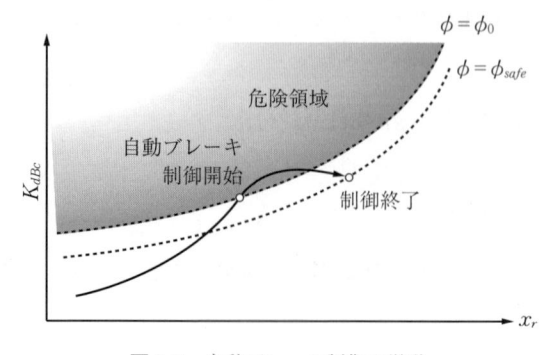

図5.9 自動ブレーキ制御の挙動

図 5.9 に, 以上の自動ブレーキ制御の挙動のイメージを, 接近リスク感覚の観点から表現したものを示す. いったん危険領域に入り込んだと判断されると, 熟練ドライバのような減速パターンによってその危険領域から追い出すとともに, 最終的には少し安全側のある領域で制御を終了する. 図 5.2 では 3 次元空間内の曖昧なイメージで表現したが, KdBc という指標によって接近リスクを表現することにより, 明確な図として記述できたのである.

〔5〕 シミュレーション結果

図 5.10 に本制御手法によるシミュレーション結果を示す. 一定速度で走行する先行車に時速 80 km/h で接近する状況である. なお, 制御則中の各パラメータは, $\phi_0 = 0$, $\phi_{safe} = -0.5$, $x_r^{offset} = 0$ m とした. 先行車速度は, 図 5.10 (a) が $v_p = 40$ km/h, 図 5.10 (b) が $v_p = 60$ km/h である. 両条件でスムーズな減速が実現できている. また, 減速開始時に比較的急峻に減速度が立ち上がり, その後スムーズに先行車の速度に合わせている. また, 図からわかるとおり, 先行車速度が大きい図 5.10 (b) の方が, 収束車間距離が大きくなって

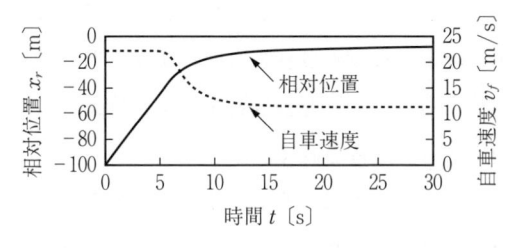

(a) $v_p = 40$ km/h, $v_f = 80$ km/h

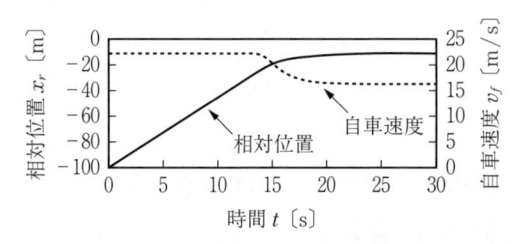

(b) $v_p = 60$ km/h, $v_f = 80$ km/h

図 5.10 減速制御手法の動作例

いる。本手法とほぼ同等の制御手法（目標収束アルゴリズム未実装）は乗用車に実装され，主観評価によりスムーズな減速が実現されていることが示されている[7]。

5.3 衝突回避ブレーキに対するドライバ行動変容について

5.3.1 運転支援システムと行動変容

3.4節において，運転支援システムの導入によってドライバの運転行動が変化することを見た。衝突回避ブレーキについてもそのような運転行動変容が懸念されている。例えば，先進安全自動車（ASV）では，ドライバーが主体的に責任を持って運転すべきであり，支援システムよりもドライバの意思決定が尊重されるべきであるという，「ドライバー主体の原則」の考え方が大前提とされている。衝突回避ブレーキはドライバに替わって減速を行うため，厳密にいえばドライバー主体の原則に反する。しかし，ドライバーの主体の原則に反することはただちに，不安全であることを意味するものではない。このような衝突回避ブレーキがどのような行動変容をもたらすか，そのメカニズムを詳細に調査し，適切に設計することで，行動変容を最小に抑えつつ，効果的な運転支援システムが構築できると期待される。

　自動ブレーキシステムの導入によるドライバの行動変容について，いくつか研究が成されている。例えば伊藤ら[11]は，追突回避可能性が異なる自動ブレーキシステム搭載時のドライバ行動変容を調査している。次項では，そのような自動ブレーキシステムに対する行動変容のうち，個人適合型追突回避ブレーキ導入による行動変容に関する研究例を概説する。

5.3.2 個人適合型衝突回避ブレーキの作動タイミングが運転行動に及ぼす影響

〔1〕 概　　要

　ブレーキタイミングには個人差が大きいため，衝突回避ブレーキの開始タイ

ミングを個人のブレーキタイミングを考慮して決定するという，個人適合型のアイデアも考えられている．例えば，5.2節で導出した減速制御手法は個人ごとのブレーキタイミングの差をモデルパラメータの変更によって調整可能である．これにより，個人適合型追突回避ブレーキが構成可能である[12]．本項では，個人適合型追突回避ブレーキの介入タイミングが，ドライバ行動変容に及ぼす影響に関する調査結果を例示する．

衝突回避ブレーキシステムは，先行車減速など緊急時に機能を発現するシステムである．一方，追従走行時などの平時には機能は発現しないはずである．そこで3.4節の考え方にのっとり，ドライバの行動変容を，平時と，緊急時に分けて調査した結果を概説する．ここに，平時の運転行動とは，追従運転などの潜在的リスク存在下での行動，緊急時の運転行動とは，先行車の減速に対する顕在的なリスク存在下での行動と捉えることができる．

〔2〕 ドライビングシミュレータ実験

実験参加者はシステムなし状態で運転を経験した後，自動減速制御が搭載された状態でドライビングシミュレータ（DS）を運転した．あらかじめ被験者ごとに減速行動計測実験を行い，式(5.3)のモデルパラメータを同定し，ドライバ個人のブレーキ開始タイミングに適した自動減速制御手法を実現した．式(5.4)における ϕ_0 を変化させることで，システムの作動タイミング条件として以下の3水準を設けた．

一致条件（$\phi_0 = 0$）：ドライバの平均的な追込みブレーキタイミングである．
早め条件（$\phi_0 = -1$）：ドライバよりも早いタイミングで減速を開始する．
遅め条件（$\phi_0 = 1$）：ドライバよりも遅いタイミングで減速を開始する．

先行車に追従走行中のTHWの平均値を**図5.11**に示す．また，各走行中の先行車に対する最小TTCの全試行，全被験者の平均値を**図5.12**に示す．各タイミング条件において，あり，なしはそれぞれ自動ブレーキシステムの有無を意味する．

（**a**）**早め条件** 平時行動としては，THWに変化はなかった．
緊急時は，先行車減速に対するブレーキ開始時の先行車とのTTCが増加し

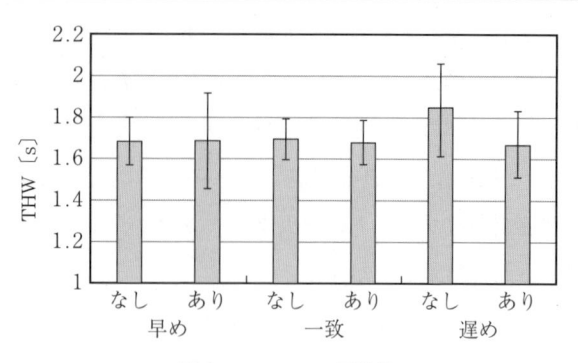

図 5.11　THW の平均値

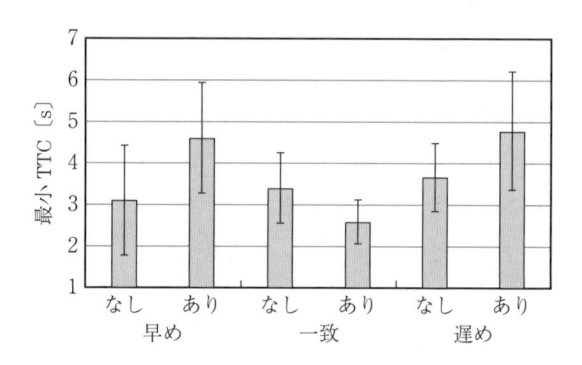

図 5.12　最小 TTC の平均値

た。

これは，より早く働くブレーキの作動および作動時に呈示する音をトリガにして減速を開始し，その結果としてシステムなし時に比べてブレーキが早くなったと考えられる。

（b）**一致条件**　平時行動として，THW に有意な変化は認められなかった。

緊急時は，ブレーキ開始時の TTC が有意に小さくなった。つまり，平時は変化ないが，ブレーキ応答が遅くなった。また，システムが先に作動する割合が 80％ と多かった。これらから，ドライバのシステムへの依存度が高まることが示唆された。

（c）**遅め条件**　平時行動として，THW が小さくなったが，潜在的衝突

リスクが大きくなったとは考えられない程度であった．緊急時は，ブレーキ開始時のTTCが増加した．この現象を明確に説明することは困難であるが，少なくとも危険な行動変容は見受けられなかった．

以上から，回避ブレーキ制御開始タイミングを個人のブレーキタイミングに合致させる設定は，ドライバのシステムへの依存度を高める可能性が示唆された．また，個人のタイミングよりも一定以上遅らせた設定であれば，行動変容は十分抑えることができることが示唆された．

近年の種々の技術革新に伴い，個人適合型の支援システムが現実味を帯びてきた．個人適合型の衝突回避ブレーキ設計時においては，ここで示したような，個人のブレーキタイミングとの相対関係によって，ブレーキ行動変容が異なることを考慮することが重要となろう．なお，シミュレータを用いた実験であるため，実車に搭載し，実環境において運転した場合に同様の結果が得られるかは不明であり，ここで得られた結果の取扱いには注意が必要である点を指摘しておく．

引用・参考文献

1) 国土交通省自動車交通局先進安全自動車推進検討会：先進安全自動車（ASV）推進計画報告書 ― 第3期ASV計画における活動成果について（2006）―
2) 国土交通省：自動車事故対策機構資料1：予防安全性能アセスメント結果発表_参考資料 http://www.nasva.go.jp/gaiyou/houdou01/2014/141023.html （2015年3月現在）
3) 山下友信（編）：高度道路交通システム（ITS）と法 ― 法的責任と保険制度，有斐閣（2005）
4) 鈴木桂輔，丸茂喜高：ドライバのシステム依存を低減するための衝突防止支援システムの制御開始タイミングに関する研究，日本機械学会論文集C編，Vol. 69, No. 688, pp. 3236-3242（2003）
5) 鈴木桂輔，丸茂喜高：システム依存を抑制する運転支援装置の制御方法，日本機械学会論文集C編，Vol. 70, No. 699, pp. 3279-3285（2004）
6) 津留直彦，伊佐治和美，土居俊一，和田隆広，今井啓介，金子　弘：前後方

向の接近に伴う危険状態評価に関する研究（第3報）―ドライバ状態の評価指標による減速行動に関する一考察―，自動車技術会学術講演会前刷集，No. 116-06, p. 1-6（2006）

7) T. Wada, S. Doi, N. Tsuru, K. Isaji, and H. Kaneko: Characterization of Expert Drivers' Last-Second Braking and Its Application to A Collision Avoidance System, IEEE Transactions on Intelligent Transportation Systems, Vol. 11, No. 2, pp. 413-422（2010）

8) 伊佐治和美，津留直彦，和田隆広，土居俊一，金子　弘：接近離間状態評価指標を用いたブレーキ開始タイミングの解析，自動車技術会論文集，Vol. 41, No. 3, pp. 593-598（2010）

9) 和田隆広，土居俊一，平岡祥史：接近リスク感覚に基づく追突防止減速制御手法，自動車技術会論文集，Vol. 40, No. 5, pp. 1375-1380（2009）

10) M. A. Goodrich, E. R. Boer, and H. Inoue: Characterization of Dynamic Human Braking Behavior with Implications for ACC Design, Proc. IEEE Conf. on Intelligent Transportation Systems, pp. 964-969（1999）

11) 伊藤　誠，藤原祐介，稲垣敏之：追突回避ブレーキに対する行動変容，計測自動制御学会論文集，Vol. 47, No. 11, pp. 512-519（2011）

12) S. Hiraoka, T. Wada, S. Tsutsumi, and S. Doi: Automatic Braking Method for Collision Avoidance and Its Influence on Driver Behaviors, Proceeding of The First International Symposium on Future Active Safety Technology toward zero-traffic-accident（FAST-zero），No. 20117375（2011）

6 追突防止支援の展開

追突が迫っている状況において，システムが提供できる支援は衝突警報や自動ブレーキに限るわけではない．近年，じつにさまざまなアプローチが取り組まれている．本章では，マニュアル運転を前提としつつも，知的システムが提供できる支援をオムニバス形式で紹介する．追突を回避するための方策として，そもそも運転操作を通常時から自動化するという方法もありうるが，本書では（通常時にドライバが操作に関与しないという意味での）自動運転に関する議論はあえて行わない．

6.1 不確実事象への注意喚起

3.3節で述べた支援のフェーズの考え方を利用する場合，システムが提供する支援は，警報の呈示や制御の実行以外に，知覚の支援や，状況理解の支援がありうる．このうち，先行車追従中であることを前提とするとき，注意喚起が有用なものとなりうる[1]．3章ですでに述べたように，「注意喚起」は多様な意味を持ちうる．すなわち，物理的に追突の危険が高まってきている中で身構えさせることを促す注意喚起もあるが，ここでは，**不確実性**（uncertainty）に対する注意喚起を論ずる．その意味での注意喚起とは，状況の判断に必要な情報の欠落に起因するものである．具体的には，状況を適切に認識するための情報を収集する上で，注意を向ける必要があることをリマインドするというものである．

例えば，自車が大型トラックに追従して，走行車線を走行している状況を考えよう（図6.1（a））．このトラックにより前方の視界が遮られ，前方の様子

(a) 自車ドライバからの風景   (b) 俯瞰図

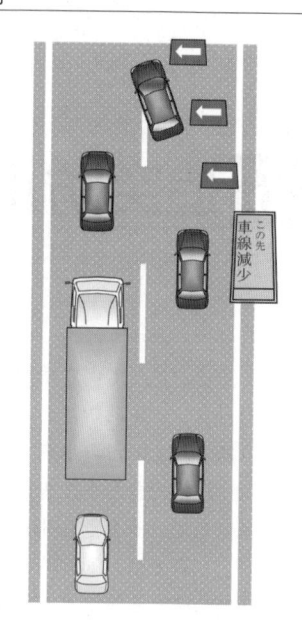

図6.1 前方が見えにくい状況

はよくわからないものとする．ここで，追い越し車線前方で一時的な車線規制が行われており，追い越し車線側の車両が走行車線へと車線変更する必要があるものとする（図6.1（b））．自車に搭載された前方監視カメラにより，追い越し車線側では，前方の車両がつぎつぎに走行車線側へ車線変更している様子がわかるものとしよう．ただし，車線規制が行われているということ自体は，自車に搭載された自律型センサでは感知できない．この場合，走行車線のトラックよりも前にどれくらいの車両があるかによるが，近い将来にトラックが減速を開始することが予想される．このような状況では，ただちに回避行動がとれるように物理的に身構える必要は必ずしもないが，通常時よりも注意深く前方の様子を観察することが重要である．そこで，追い越し車線前方で車線変更がつぎつぎに行われている事実を観察した下で，システムが前方に対する注意喚起をドライバに呈示することが有効であると考えられる．

このような状況における注意喚起の効果について，ドライビングシミュレー

タを用いた実験による検証が行われている[1]。追い越し車線からの車線変更が相次いでいる状況をシステムが確認した場合，前方の不確実さが高まったと認識して図 6.2 のような注意喚起情報をカーナビ画面に呈示する。この情報が呈示される瞬間には，1 s 程度のビープ音も呈示される。図 6.2 の視覚情報は，不確実さが解消されたと判断されるまで表示され続ける。

図 6.2 注意喚起情報

この注意喚起情報の呈示によって，ドライバの行動にどのような影響が生じるかを調べた[1]。この実験では，走行中に視覚探索課題を課す条件においても行っており，視覚探索課題の有無，注意喚起呈示の有無によって，先行車との THW は図 6.3 のようになった。差の絶対値は小さいが，**視覚探索課題**（visual search task）の有無によらず，注意喚起を呈示することによって THW が大きな値をとることが統計的に検証されている。

この実験では，注意喚起情報を呈示したときにどのような行動をとるべきか

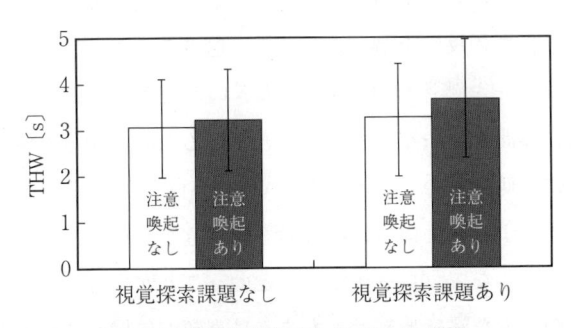

図 6.3 注意喚起による THW への影響

については，ドライバに何ら教示をしていない．ブレーキを踏んで減速をしてもよいし，アクセルを離して様子を見るということでもよいし，単に注意を前方に向けるということでもよい．何もしないということでもよい．THWに変化が生じていることから，ペダル操作に何らかの変化があったのは間違いないが，ブレーキを踏んだのだろうか，あるいはアクセルを離す程度であったのだろうか．この問いへの答えを明らかにするために，自車速度について分析を行った．その結果，視覚探索課題の有無によって速度は大きく異なるが，注意喚起情報の有無による速度の違いは認められなかった（図6.4）．このことから，注意喚起情報によって，ドライバの多くはアクセルを離す対応をしていたものと考えられる．

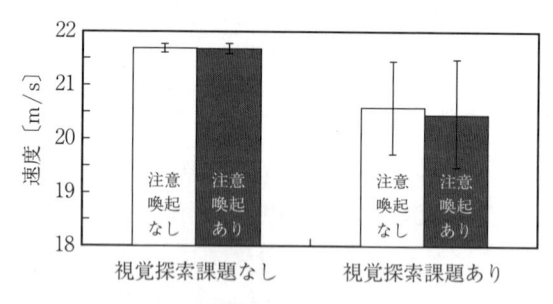

図6.4 注意喚起による速度への影響

それでは，このような注意喚起情報を呈示することによって，追突の危険性はどの程度抑えられるのであろうか．注意喚起の後に実際に先行車が減速する場合における，自車の反応を調べたところ，図6.5のようになり，注意喚起があるときにはブレーキ踏込時のTHWが大きいことが統計的に確認された．すなわち，事前に車間をやや空けて走行できているため，先行車減速があったときでも，より安全側において制動を開始できているといえる．

以上述べてきたように，前方の状況の不確実性が高まったときに注意喚起を行うことは，有意義なアプローチであるということができる．

ただし，このような注意喚起は，あまりに高頻度に呈示されると，慣れてしまって注意が喚起されなくなることが懸念される．システム設計においては，

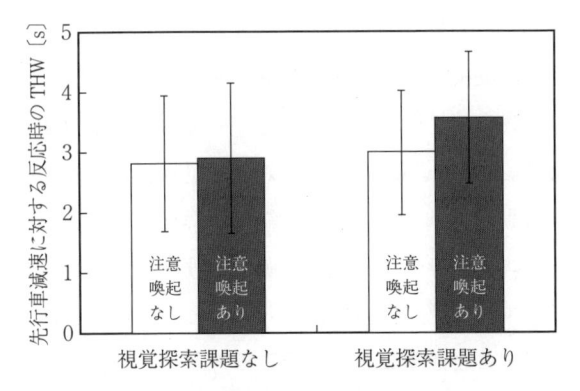

図のタイトル・軸ラベル:
縦軸: 先行車減速に対する反応時のTHW [s]
横軸左: 視覚探索課題なし / 右: 視覚探索課題あり
各群内: 注意喚起なし / 注意喚起あり

図 6.5 先行車減速に対する反応時の THW

このことに留意しなければならない。この問題への対処の方法としては，注意喚起を行う場面を厳選することが考えられる。あるいは，ドライバの心身状態をモニタリングして，ドライバが周囲に十分な注意を向けられていないことが疑われる際にのみ注意喚起を呈示するという方法がありうる。

6.2 安全運転評価システム

6.2.1 安全を実現するための異なるアプローチ

4章で述べたように，追突警報システムの警報呈示タイミングや情報呈示法などを工夫して改良することで，システムが正しく作動するときの安全性は向上する。ただし，システムの各種機能が高度化され，便利になればなるほど，1）システムに過度に依存してしまうことでシステム不動作時（欠報など）にかえって危険な状況を招く，2）リスク補償行動の発現によって長期的な安全性が確保できない，などの問題[2]が生じることが知られている。

この対策の一つとして，システムの信頼性を高めていくことが考えられるが，いくら技術開発が進んでも，いつでも100％正しく動作するシステムを作り上げることはできない。言い換えるならば，システムにとっての想定外をなくすことはできない。

それでは，どのような別の対策が考えられるだろうか？　例えば，**夜間時視覚支援システム**（night vision enhancement system, NVES）（通称**ナイトビジョン**）とともに燃費計を呈示することで，一部のドライバにおいて，**エコドライブ**（eco-drive, fuel saving drive）に対する動機付けが生じ，NVES に起因するリスク補償行動が抑制されるという結果が得られている[3]。

しかしながら，エコドライブに対する動機付けは必ずしも安全運転に結び付くものではない。エコドライブの副次的効果としての安全運転ではなく，直接的に安全運転を促すことが望ましい。そこで，ドライバに自発的な安全運転を促す方法として，安全運転の評価結果をフィードバックする**安全運転評価システム**（safe driving evaluation systesm, SDES）の導入が考えられる。つまり，ドライバに対して「安全運転って（手間がかかるけど）楽しい！」と思わせるようなシステムを目指すアプローチである。

6.2.2　安全運転を評価する 4 指標

安全運転評価システムに関する既存研究として，GPS や加速度センサを用いて危険場面における運転者の確認動作の適切さを評価するもの[4]や，加減速操作やステアリング操作の滑らかさを評価するもの[5]などがある。これらは他車との関係によらない自車単体の安全運転を評価するが，追突や出会い頭での衝突が交通事故全体の 6 割以上を占めているという実状を踏まえると，自車単体での評価のみならず，他車との衝突危険性に基づく安全運転評価を合わせて行うことが望ましいだろう。

上記のシステムはいずれも，運転者がリスクの発生を予期した予防的な運転行動を行っているか否かについて評価するものであり，顕在化したリスクに対する対応行動が適切であったかを評価するものではない。そこで，減速行動の適切さを評価するために，先行車との衝突回避に必要な減速度に対して実際の減速が十分であるかを表す指標が提案されている[6]。

自車と先行車との相対関係に基づいて運転行動の適切さを評価する指標は，2 章で紹介したように数多く提案されているが，3 台以上の車両から成る車群

の安全性を考慮した研究は少ない。自車が不適切な急減速を行えば，後続車に追突されるリスクは高くなると考えられ，先行車のみならず後続車との衝突危険性も考慮した安全運転評価が望ましい。

以上のことを踏まえて，自車の前後方向における衝突危険性という観点から，運転行動の適切さを評価する**図6.6**に示す4指標が提案されている[7]。

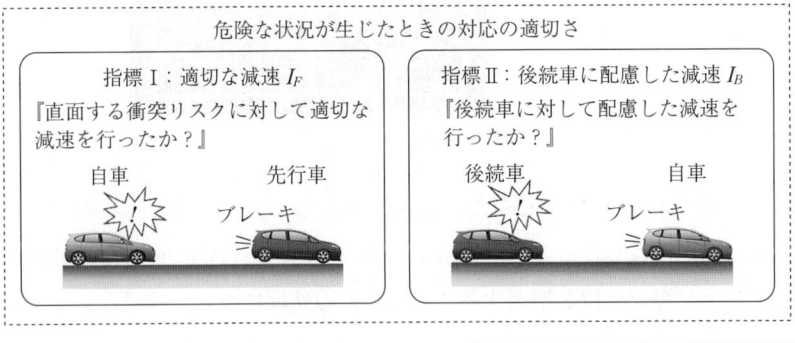

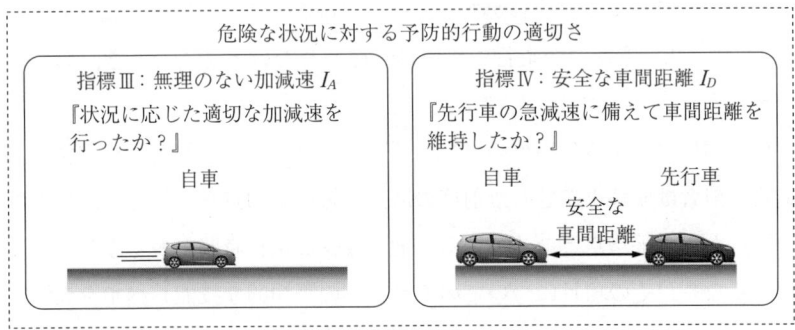

```
危険な状況が生じたときの対応の適切さ
```

指標Ⅰ：適切な減速 I_F
『直面する衝突リスクに対して適切な減速を行ったか？』

指標Ⅱ：後続車に配慮した減速 I_B
『後続車に対して配慮した減速を行ったか？』

```
危険な状況に対する予防的行動の適切さ
```

指標Ⅲ：無理のない加減速 I_A
『状況に応じた適切な加減速を行ったか？』

指標Ⅳ：安全な車間距離 I_D
『先行車の急減速に備えて車間距離を維持したか？』

図6.6 安全運転を評価する4指標

これら4指標はすべて加速度を基にした無次元量によって定義されており，指標Ⅰ，Ⅱ，Ⅳについては2.4.2項で説明した衝突回避減速度DCAを用いて算出する（計算の詳細については文献7)参照）という特徴がある。

6.2.3 安全運転評価システムのインタフェース

〔1〕 **インタフェース設計**

上記4指標を呈示するインタフェースとして，**図6.7**に示す視覚情報呈示系

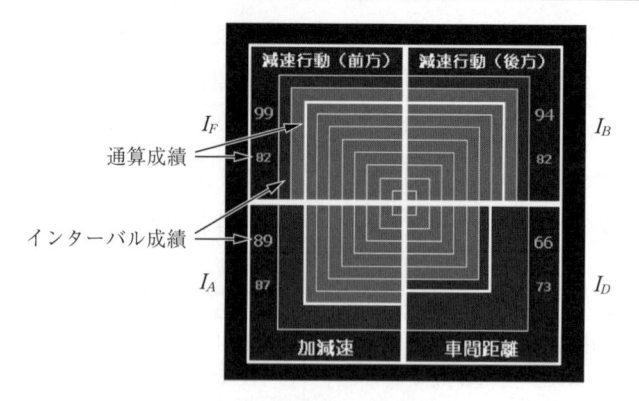

図 6.7 視覚情報呈示系[13]

が提案されている[8]。各指標は無次元量で 0 から 1 までの値をとるので，それを 100 点満点換算したものが評価点となる．なお，走行中に複雑な視覚情報を呈示すると，視認負荷が増大することで運転の妨げになり，結果として衝突リスクがかえって高まるおそれがある．そこでこのシステムでは，成績の表示は 1 ）停止中，2 ）運転者が走行中に成績を確認したいと思ったとき，のみ成績表示を行う．

ドライバに呈示する各指標の点数には，インターバル成績と通算成績の二つがある．前者は成績を確認した前回の時点からの平均点を，後者は評価を開始した時点からの平均点となっている．通算成績は走行時間が長くなるほど変動が小さくなり，その項目についてのドライバの平均的な技能レベルを表すことができる．一方のインターバル成績は直近の成績を反映し，通算成績に比べて変動が大きくなるが，ドライバの効力期待[9] を高めることができるという特徴を有する．

成績のフィードバックのみが与えられる場合，課題に繰り返して取り組むことで成績が向上して有能感の獲得が期待できる状況であれば，内発的動機付け[10] が高められることが報告されている[11]．インターバル成績は直近の安全運転成績についてのフィードバックであり，過去の平均成績である通算成績との比較により技能の向上または低下を実感することで動機付けが高まる可能性

がある.すなわち,インターバル成績が通算成績を上回った場合には有能感が得られることで安全運転が継続され,低下した場合には有能感を回復しようとして慎重に安全運転に取り組むようになることが期待される.

〔2〕 期待される効果

歩行者の飛び出しや先行車の急減速,路面状況の急な変化といった危険事象が発生する状況において,SDES の呈示が運転行動に与える影響を調べるために,前方車両衝突警報システム(FVCWS)と安全運転評価システム(SDES)という二つの運転支援システムについて

1群:FVCWS のみを用いる群

2群:FVCWS と SDES の両方を用いる群

の二つの群で被験者間実験を行った.実験結果の詳細については文献 8) に譲るが,概要は以下のとおりである.

① FVCWS と SDES の両方を呈示した2群では,FVCWS のみを呈示した1群よりも,走行速度の上昇や FVCWS の欠報による回避行動の遅れを示す実験参加者が少なくなっていた.この結果は,SDES を使うことで FVCWS に対するリスク補償行動を抑制する,すなわち,目標リスク水準の抑制を示唆するものである.

② SDES についての主観評価では,多くの実験参加者がシステムの安全運転評価を妥当だと感じており,「自分の運転がより良くなる」,「安全運転を心掛けるようになる」などの肯定的な意見が得られた.一方で,システムの成績評価を煩わしく感じていた実験参加者も存在し,実験終了後のインタビューでは「どうすれば点数を上げられるのかわからない」といった報告があるなど,インタフェースの改善が必要である.

上記の2番目で指摘されたインタフェースの問題点については,1)直感的なユーザインタフェース,2)マニュアル不要の操作理解,3)はまる演出と段階的学習効果,といったゲームニクス理論[12]の設計原則を取り入れた改良版[13]が提案されており(図 6.8),今後の発展が期待されている.

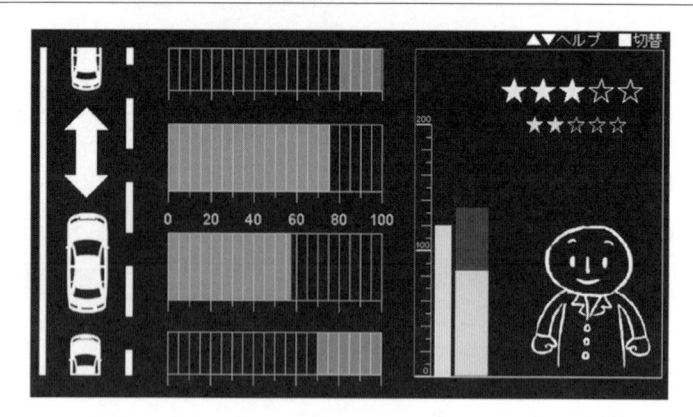

図 6.8 安全運転評価システムの改良型インタフェース[13]

コラム

内発的動機付けと外発的動機付け

動機付けの分類として広く知られているものに，内発的動機付けと外発的動機付けがある．外発的動機付けとは，金銭的な報酬や罰などの外的要因によって行動している状態であり，一般的に外的要因がなくなると行動が持続しなくなるといわれている．

一方の内発的動機付けとは，行動すること自体が目的で，それ以外に報酬を必要としないような状態を指す．内発的に動機付けられた行動について，Deci[10]は「人がそれに従事することにより自己を有能で自己決定的であると感知することができるような行動である」と定義しており，行動を通して有能感と自己決定感を得ることができる状況において行動が持続すると述べている．

安全運転評価システムの理想像としては，安全運転に対するドライバの内発的動機付けを高めるような設計にすべきだろう．しかし，それは容易なことではない．そこで，即時的な効果を得るために，1）保険会社と提携して，安全運転に応じて保険料を割り引く，2）トラックやタクシーなどの職業ドライバに対して，安全運転に応じた給与加算を行う，といったように外的報酬と組み合わせることで外発的動機付けを高める方法がある．適度な外的報酬は内発的動機付けも高めることが知られているが，過度な外的報酬を与えてしまうと，報酬に依存してしまうおそれがあるので，報酬設計は十分に留意しなければならない．

6.3 予測運転支援システム

これまで，衝突リスクを考える上では，おもに自車の前方を走行する先行車との関係について見てきた．実際の運転を考えた場合には，ドライバは先行車との衝突を避けるだけでなく，先行車よりも前方の状況を見ながら，予測して加減速操作をしているものと考えられる．先行車より前方を走行する**先々行車**（pre-preceding vehicle）が直接視認可能な場合には，その有無によってドライバが加減速操作を行う際に用いる情報が異なっており，先々行車がいる場合には，先行車のみでなく先々行車の挙動も考慮して運転を行っている[14]．運転に十分慣れたドライバは，先行車が加減速する前に，先々行車の挙動の変化を捉えて，柔軟に対応しているといえる．本節では，この知見を応用して，予測した加減速操作を支援するシステムの事例について紹介する[15]．

図 6.9 に示すように，3 台の車両が追従している状況を考える．先行車に対する自車の RP は，次式で定義された．

$$R_p = \frac{a}{t_{h23}} + \frac{b}{t_{c23}} = \frac{av_3}{-x_{23}} + \frac{b(v_3 - v_2)}{-x_{23}} \tag{6.1}$$

ただし，添え字の数字は，一つの場合はその車両の状態を表し，二つの場合は，2 車両間の関係を表している（以下も同様）．例えば，v_2 であれば，先行車（2 台目）の速度を表し，$-x_{23}$ であれば，先行車（2 台目）と自車（3 台目）の車間距離を表す．

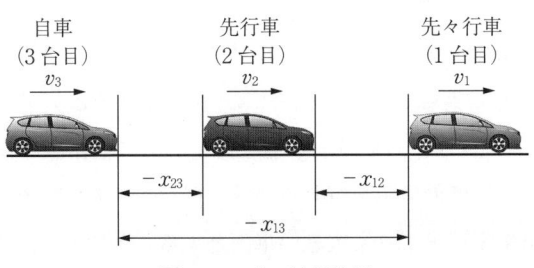

図 6.9　3 台の追従状況

このRPをベースにして，先々行車の挙動から運転操作を予測することを考える．車間距離よりも相対速度の方が，変化が早い（位相が進んでいる）ので，先々行車に対してはTTCを考慮し，先行車への衝突も避ける必要があるため，先行車に対してはTHWを考慮する．すなわち，RPのTHWに関係する項はそのままとして，TTCに関係する項のみを先々行車とのTTCに置き換えて，以下のような**予測運転評価指標**（PREdiction by PRE-PREceding vehicle，PRE3）を定義する．

$$P_3 = \frac{a}{t_{h23}} + \frac{2b}{t_{c13}} = \frac{av_3}{-x_{23}} + \frac{2b(v_3 - v_1)}{-x_{13}} \tag{6.2}$$

ここで，TTCは先々行車に対して考えているため，車間距離がおよそ2倍であることから，係数bを2倍している．

図6.10に示すように，先々行車よりも自車の速度が低いか，先行車との車間距離が長くなった場合には，この指標は減少し，ドライバは加速するのが望ましい．一方，先々行車よりも自車速が高い，または先行車との車間距離が短い場合には，この指標は増加して，ドライバは減速する必要がある．

先々行車より自車が遅い． 先々行車より自車が速い．

先行車との車間距離が長い． 先行車との車間距離が短い．

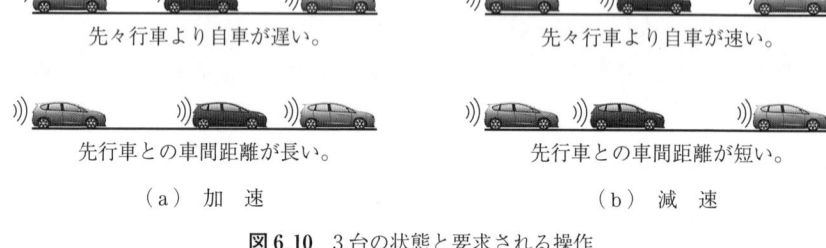

（a）加 速 （b）減 速

図6.10 3台の状態と要求される操作

そこで，この指標をドライバにリアルタイムに呈示することで，先々行車の挙動を基に予測した運転の支援を行う．定置型ドライビングシミュレータ上に，図6.11に示すように，車載表示器を想定して評価指標を呈示する「支援あり」の条件と，指標の呈示を行わない「支援なし」の条件で実験を行った．また，先々行車を先行車よりも大きい車両とすることにより，支援がない場合でも，先々行車の挙動による予測ができるようにした．

6.3 予測運転支援システム

図 6.11 予測運転評価指標の呈示イメージ

得られた結果の一例を**図 6.12**に示す。図 6.12 は，支援の有無による自車速度の推移である。先々行車の速度変化に対して，支援がない場合には，特に加速側で大きなオーバシュートが確認されるが，支援がある場合は，安定した加速操作が実現できている。減速側に着目すると，支援がない場合は，加速時ほどはアンダシュートが確認できない。これは，図 6.11 に示すように，ドライバが先々行車を直接視認可能な条件で行い，減速については，先々行車のブレーキランプの情報が，予測運転の参考になったためと考えられる。実際，先行車が大きな車両で，先々行車を直接視認できない条件では，減速側でも支援の有無による変化が確認されている[15]。

支援を行うことで，先行車に対する RP にも影響を及ぼす。**図 6.13** は，支

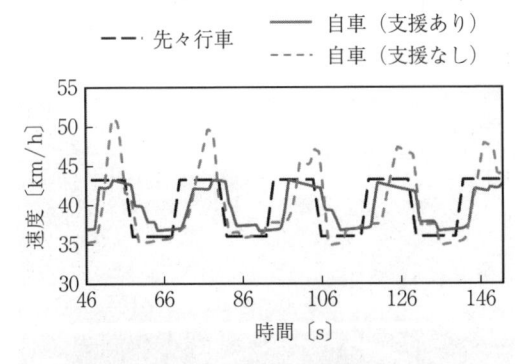

図 6.12 支援の有無による自車速度の推移

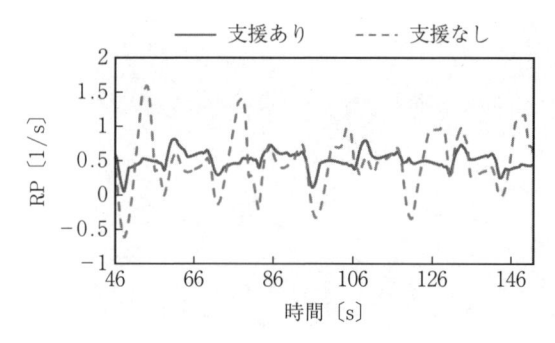

図 6.13 支援の有無による先行車に対する自車の RP の推移

援の有無による先行車に対する自車の RP の推移である．支援の有無によらず，同程度の車間距離で走行するように指示しているため，RP の平均値への影響は見られないが，その変動は，支援がない場合の方が大きく，予測された運転により，先行車への衝突リスクの変動を低減していることがわかる．その結果，先行車に対する TTC の最小値（正：接近側）を調べると，支援を行うことで増加することが確認され，より安全な走行が可能となった．さらに，支援により自車の無駄な加減速を抑えることが可能となり，燃費が改善することも確認された[15]．

また，シミュレータ上で得られた結果について，図 6.14 に示すように実際に車両に実装して実験を行った結果，全長の限られたテストコース内であるが，先々行車と自車の速度差や，自車の加速度の低減効果などが確認された

図 6.14 予測運転評価指標の呈示（実車実験）

6.3 予測運転支援システム

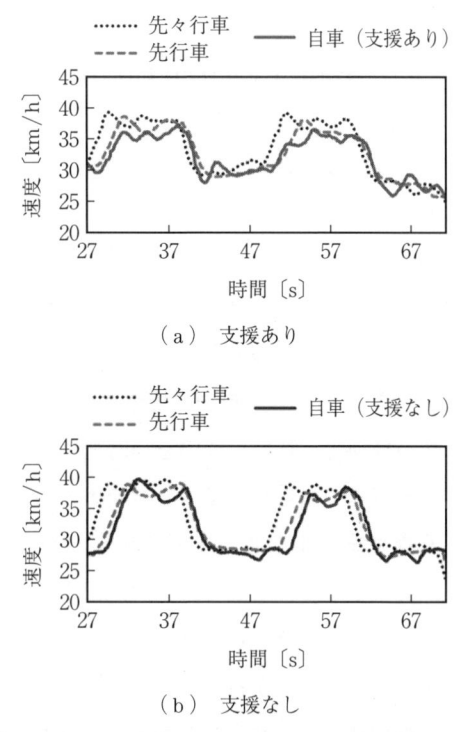

(a) 支援あり

(b) 支援なし

図 6.15 各車両の速度の推移（実車実験）

(図 6.15)[16]。

｜コ ラ ム｜

先々行車を検出する技術

　先行車を検出する技術は，レーザレーダ，ミリ波レーダ，カメラなどを用いたさまざまな手法が存在するが，先行車より前方の先々行車との相対関係を検出する技術は，これまで存在しなかった。日産自動車は，predictive forward collision warning（前方衝突予測警報）と称して，ミリ波レーダにより先行車の車両下部を通過させて，先々行車を検出する技術を開発した[17]。その情報を基に，先々行車の急な減速（または停止状態）などを検知し，従来の先行車を検知していた衝突警報よりも早く発報することで，より安全に衝突を回避する技術を実用化した。それ以外にも，車車間通信を用いて，先行車よりも前方の車両の状態を自車に送信する手法[16]もある。

6.4 Haptic Shared Control

これまでに述べてきたような，システムが操作に介入するかどうかという問題は，制御の権限の所在の問題として位置付けられる。そこでは，ある時刻において制御を行っているのはドライバかシステムかのいずれか一方であり，両者が同時に制御に関与するということはなかった。ある時点においてドライバが制御の権限を持っていたとして，別の時点においてシステムに制御の権限が渡される（あるいはその逆）ことを，**制御の権限の委譲**（trading of control）という[18]。運転タスクの自動化，特に，権限を一時的にではあってもシステムにすべて委譲するという意味での自動化は，システムの設計をうまく行わないと，3章で述べたようなさまざまな問題を引き起こしかねない。特に，制御ループからドライバが外れることによって，状況認識が不十分となることが懸念されている。運転タスクの自動化を推進する際には，この問題に対していかなる対策を講じるかが重要な課題となる。

人とシステムとが運転操作にどのようにかかわりあうかということについては，権限の委譲という形態のほかに，ドライバとシステムとが同時に制御に関与する方式もありうる。これを，**制御の権限の共有**（sharing of control）という[18]。

自動車の運転において，権限共有の考え方を具体化させたものとして，**haptic shared control** と呼ばれるものが知られている[19]。これは，ドライバと自動車（運転支援システム）との関係を，人馬のメタファーで考えようとする horse-metaphor の考え方[20]を具現化したものであるといえる。具体的には，haptic shared control では，操作デバイス（ハンドルやペダル）に対して，ドライバとシステムとが同時に制御入力を与え，そのデバイスから得られる力覚によって，ドライバとシステムとがコミュニケーションを行い，互いの意図を察知しつつ望ましい制御を目指すものである。人と馬の関係で捉えるならば，手綱を介して人と馬とがコミュニケーションを行うことに相当すると考え

ればよいであろう．人が手綱を強く持っていれば（**タイトレイン**（tight rein）），人の意図どおりに馬は動くが，人が手綱を緩めておけば（**ルーズレイン**（loose rein）），馬なりである[20]．このことと同様に，ドライバがデバイスを強く積極的に操作すればドライバの操作が勝りドライバの意図どおりに車両挙動が実現される一方，ドライバが操作デバイスを強く操作しないならば，システムの操作が勝る．このような方法によって，程度の差はあるとしても，つねにドライバとシステムとが制御操作に関与し続けることを狙うものが，haptic shared control である．ドライバがつねに何らかの形で運転操作にかかわり続けることから，haptic shared control では状況認識の欠落などといった問題が生じにくいとされる．

　最近は，操舵に関する haptic shared control の研究が盛んであるが，3 章でも述べたように，前後方向の制御，すなわちペダル操作に関する研究も行われている[21]．ここで想定されているシステムでは，先行車に接近している場面において，アクセルペダルをシステムが押し返すことによって，この場面において加速操作を行うことは不適切であるという意図をドライバに伝えることができる（図 6.16）．これは，3 章で述べたソフトプロテクションの一つとみることもできよう．日産自動車のインテリジェントペダル（ディスタンスコントロールアシスト）は，haptic shared control の考え方を形にした一つの例といえる．

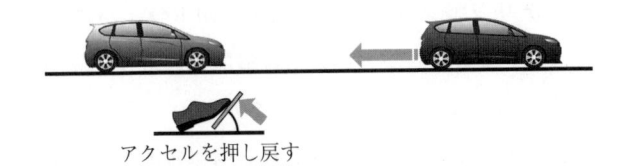

図 6.16　インテリジェントペダル

　ただし，ペダル操作の場合，アクセル，ブレーキの二つのデバイスがあることから，純粋な haptic shared control とはなりにくい．例えば，先行車との車間が詰まりすぎた場合には，アクセルペダルを押し返す働きかけをシステムが

行うが，減速制御（ブレーキペダルの踏込）が必要だとしても，その意図を「アクセルペダルを押し返す」という操作だけでドライバに伝えることは難しい。

遠い将来に，アクセル・ブレーキペダルとは異なる操作系で前後方向の制御を行うようになった場合には，haptic shared control が再度脚光を集める可能性はある。すでに，下肢に障害のある方を対象とした手動操作装置が開発されている。こうした装置では，加速のためには手でレバーを後方へ引く，減速のためにはそのレバーを前方へ押すことによって，加速・減速を一つのデバイスで操作する。こうした装置を対象として，haptic shared control の理念を実現していくことは，近い将来十分にありうるといえるだろう。

6.5 触力覚情報による衝突リスク呈示

先行車に接近した場合に，システムによってアクセルペダルが押し戻されるインテリジェントペダル（図6.16）について，前節で簡単に説明した。このシステムが，衝突危険性を低下させることに資するという点において異論はない。しかしながら，アクセルペダルを一種のインタフェースとして捉えた場合に問題点が浮かび上がってくる。

ドライバは車両に対して，アクセルペダルを介して自車加速度指令値を入力する。一方，インテリジェントペダルシステムがドライバに対してフィードバックする情報は，自車と先行車との相対位置関係によって算出される顕在的な衝突リスクである。つまり，アクセルペダルというインタフェースを介して，ドライバとシステムの間でやりとりされる情報の種類が，情報伝達方向によって異なる。このような情報の不一致は，ドライバに対して違和感や煩わしさを与えるおそれがあり，インタフェース設計論の観点から望ましいとはいえない。

この問題点を解決する方法の一つとして，先行車との潜在的な衝突危険性を表す指標である PDCA（2.4節参照）に応じて，ドライバの右大腿下部の座面

6.5 触力覚情報による衝突リスク呈示

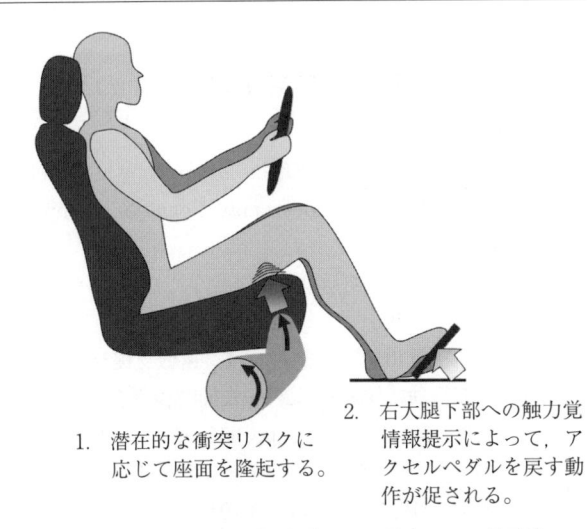

1. 潜在的な衝突リスクに応じて座面を隆起する。
2. 右大腿下部への触力覚情報提示によって、アクセルペダルを戻す動作が促される。

図 6.17 座面隆起型触力覚による衝突リスク呈示法

を隆起させる触力覚呈示システム[22]が提案されている（**図 6.17**）。

このシステムにおいて，座面隆起量は，アクセルペダルの踏込み動作を阻害するほど大きいものではなく，右大腿下部に呈示する圧迫感によって，あくまでも先行車に対する潜在的な衝突リスクを伝える程度に調整している。言い換えると，潜在的な衝突リスクに対して，ドライバが「構える」ことを促すことを目的としたシステムとなっている。このとき，右大腿下部を押し上げようとする触力覚の方向と，アクセルペダルを戻す動作の方向はおおむね一致しており，（潜在的な衝突リスクの）知覚と（いざというときに即座にアクセルペダルを戻す）行為の協調を考慮した設計となっている。

このシステムを用いることで，ドライバに対して煩わしさを増加させることなく，先行車の減速に対するブレーキ反応時間を短縮させることがドライビングシミュレータ実験[22]によって確認されている。

引用・参考文献

1) M. Itoh, G. Abe, and T. Yamamura: Effects of arousing attention on distracted driver's following behavior under uncertainty, Cognition, Technology, and Work, Vol. 16, pp. 271-280 (2014)
2) G. J. S. Wilde（芳賀　繁訳）：交通事故はなぜなくならないのか — リスク行動の心理学 —, 新曜社（2007）
3) 平岡敏洋, 増井惇也, 西川聖明, 伊藤　誠：運転支援システムにおける提供情報の信頼性が運転行動に与える影響 — 夜間時視覚支援システムの場合 —, 自動車技術会論文集, Vol. 42, No. 4, pp. 953-960（2011）
4) 多田昌裕：装着型センサを用いた運転技能自動評価システムとその応用, 自動車技術, Vol. 64, No. 10, pp. 66-71（2010）
5) 菅原　悟：ドライブレコーダの開発と応用 — ドライブレコーダの開発とその活用方法について最新事例を紹介 —, 自動車技術, Vol. 65, No. 2, pp. 52-57（2011）
6) 北島　創, 鷹取　収, 榎田修一, 江口　賢, 池　優志, 片山　硬：衝突余裕度を用いた追突危険状態の評価とドライバ支援方策の検討, 自動車技術会学術講演会前刷集, No. 144-10, pp. 1-4（2010）
7) 平岡敏洋, 高田翔太, 川上浩司：自発的な行動変容を促す安全運転評価システム（第1報）— 衝突回避減速度を用いた評価指標の提案 —, 自動車技術会論文集, Vol. 44, No. 2, pp. 665-671（2013）
8) 高田翔太, 平岡敏洋, 野崎敬太, 川上浩司：自発的な行動変容を促す安全運転評価システム（第2報）— 評価システムが運転行動に与える影響 —, 自動車技術会論文集, Vol. 44, No. 2, pp. 673-678（2013）
9) A. Bandura: Self-efficacy-Toward a unifying theory of behavioral change, Psychological Review, Vol. 84, No. 2, pp. 191-215（1977）
10) E. L. Deci（安藤延男, 石田梅男 訳）：内発的動機づけ — 実験社会心理学的アプローチ —, 誠信書房（1980）
11) 北田　隆：内発的動機づけに及ぼす外因性報酬と成績の効果, 実験社会心理学研究, Vol. 21, No. 1, pp. 7-16（1981）
12) サイトウアキヒロ：ゲームニクスとは何か, 幻冬舎（2007）
13) 野崎敬太, 平岡敏洋, 高田翔太, 川上浩司：安全運転に対する動機づけを高める運転支援システム, 第27回人工知能学会全国大会（JSAI2013）予稿集

(2013)
14) 丸茂喜高, 田中健太, 福山雄大, 鈴木宏典：先々行車の挙動を考慮したドライバの追従制御モデルの検討, 自動車技術会論文集, Vol. 44, No. 5, pp. 1281-1286 (2013)
15) 田中健太, 丸茂喜高, 鈴木宏典：先々行車の挙動を考慮した評価指標の呈示が運転行動に及ぼす影響, ヒューマンインタフェース学会論文誌, Vol. 15, No. 2, pp. 131-139 (2013)
16) 中野 堯, 丸茂喜高, 鈴木宏典, 河合俊岳：加減速操作の予測運転支援システムの実験的検討, 自動車技術会学術講演会前刷集, No. 139-14, pp. 9-14 (2014)
17) 日産自動車, Predictive Forward Collision Warning (前方衝突予測警報)： http://www.nissan-global.com/JP/TECHNOLOGY/OVERVW/predictive.html (2015年3月現在)
18) T. Sheridan: Telerobotics, Automation, and Human Supervisory Control, MIT Press (1992)
19) D. A. Abbink, M. Mulder, and E. R. Boer: Haptic shared control: smoothly shifting control authority? Cognition, Technology & Work, Vol. 14, No. 1, pp. 19-28 (2012)
20) F. Flemisch, J. Kelsch, C. Löper, A. Schieben, and J. Schindler: Automation spectrum, inner/outer compatibility and other potentially useful human factors concepts for assistance and automation, In: D. de Waard, F.O. Flemisch, B. Lorenz, H. Oberheid, and K. A. Brookhuis (eds.) Human factors for assistance and automation. Shaker Publishing, Maastricht, pp. 1-16 (2008)
21) M. Mulder, M. Mulder, M. M. van Paassen, and D. A. Abbink: Haptic gas pedal feedback. Ergonomics, Vol. 51, No. 11, pp. 1710-1720 (2009)
22) M. Hayakawa, T. Hiraoka, and H. Kawakami: Haptic interface to encourage preparation for a deceleration behavior against potential collision risk, Proc. of SICE Annual Conference 2013, pp. 1425-1428 (2013)

付　　録

A.1　映像記録型ドライブレコーダを用いた事故・ニアミスの収集

A.1.1　調査に用いた映像記録型ドライブレコーダの仕様
〔1〕　概観・仕様

　ドライブレコーダのデータを収集するにあたり，急ブレーキや急ハンドルなどの急激な操作に伴って発生する加速度変化をトリガにして，その前後の前方映像や車両データを記録するタイプの機種を用いて事故とニアミスを収集した（図 A.1）。

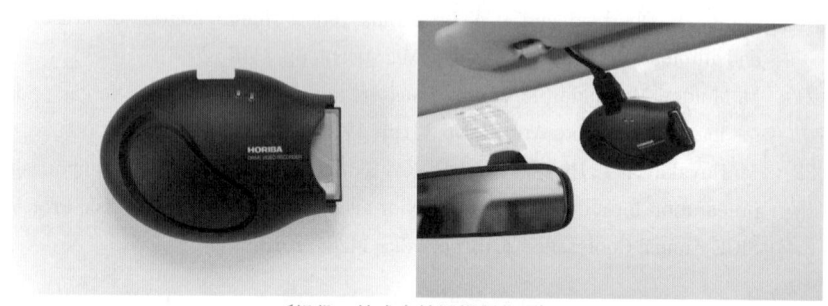

〔提供：株式会社堀場製作所〕

図 A.1　調査に用いた映像記録型ドライブレコーダの概観

　フロントガラスに設置したドライブレコーダはルームミラーの背後に位置するため，ドライバの視界を妨げることはない状態で搭載できる。水平方向の画

角は 107 度，垂直方向の画角は 79 度であり，一般的なビデオカメラよりも広角の映像を記録できる．記録用のトリガは，3 軸の加速度センサのデータから判定するものと，手動スイッチによってドライバが任意で記録するものがある．車速パルス入力によって，車両の速度が取得できるほか，ブレーキ（on/off），ウィンカー（on/off），タクシー車両の場合は実車／空車情報などの情報が同期して記録される．これらのデータを活用すれば，ブレーキタイミングの分析や，車線変更時の適切なウィンカー操作ができているかなどがわかるため，ドライバの操作の適正さを分析することに適した機種である．

〔2〕 前 方 画 像

図 A.2 は，ドライブレコーダが記録する昼の画像と夜の画像である．夜間でも鮮明な画像が記録されるため夜間の状況の分析が映像から可能であること，107 度の水平画角によって前方の車両だけでなく，対向車や側方の交通他者の行動も記録できる．また，搭載した車種がタクシー車両であるために，フェンダーミラーも画像内に記録されている（図 A.2 の破線）ため，限定的ではあるが車両の左右の後方の状況を分析することも可能である．

（a）昼の画像　　　　　　（b）夜の画像

図 A.2　前方映像の画角・画質

〔3〕 データ閲覧用のアプリケーション

図 A.3 は，ドライブレコーダデータ閲覧用のアプリケーションのビューワ画面である．前方映像と同期してウィンカーやブレーキの操作状況，速度，加速度などのデータが閲覧できる．ドライバのウィンカーを操作したタイミング

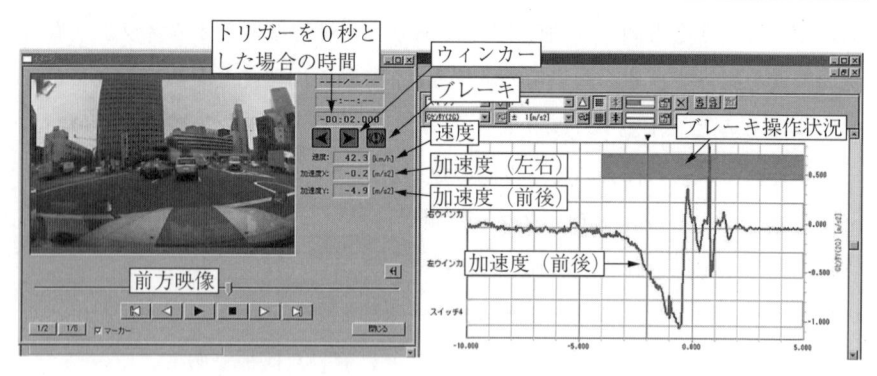

図A.3 ドライブレコーダデータのビューワ画面

と実際に車線変更したタイミングとの比較，ブレーキ操作を開始するまでの反応時間，ブレーキ操作後に減速度のピークを示すまでの時間などが分析できる．

〔4〕 ドライブレコーダデータ収集システム

200台のタクシーに搭載したドライブレコーダの膨大なデータを効率的に収集するため，図A.4に示したような収集システムを東京都内のタクシー事業者（2社3事業所）と連携して構築した．

各車両のドライブレコーダが収集したデータは，車両が車庫へ戻ってエンジ

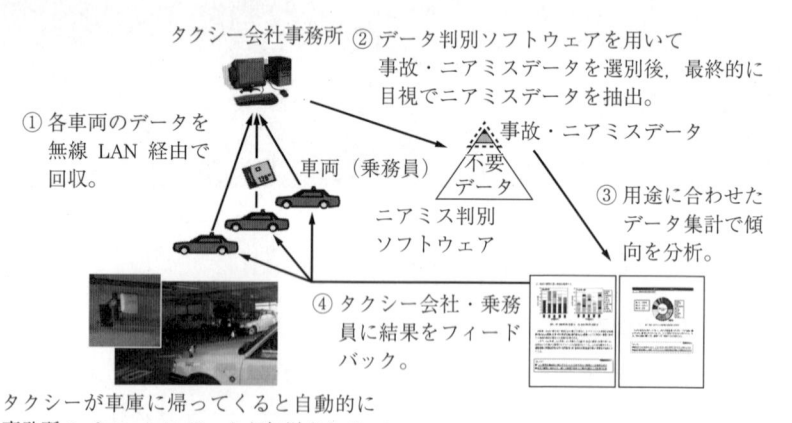

図A.4 タクシー事業者と連携したドライブレコーダデータの収集システム

A.1 映像記録型ドライブレコーダを用いた事故・ニアミスの収集

ンをオフにすると自動的に無線 LAN を経由してデータが事務所のパソコンへ転送・保存される（①）．この機能によって，カードを抜き差しすることなくデータを収集することが可能となった．これらのデータを，データ判別ソフトウェアによって事故・ニアミスデータの候補を選定し，最終的に目視によって事故・ニアミスデータを抽出する（②）．抽出した事故・ニアミス事例の車両別・乗務員別の集計や，燃費情報との関連などの分析結果をまとめ（③），タクシー事業者を通して乗務員へフィードバックされる（④）．

以上のような流れでドライブレコーダの大量データの収集から現場の乗務員へのフィードバックに至るサイクルを長期間（2年間）実施した．

A.1.2 追突事故，ニアミスデータの収集

〔1〕 事故・ニアミスの収集件数

200 台のタクシーに搭載したドライブレコーダは 6 253 件の事故・ニアミスを収集した．事故やニアミスで衝突または衝突しそうになった相手別の件数を

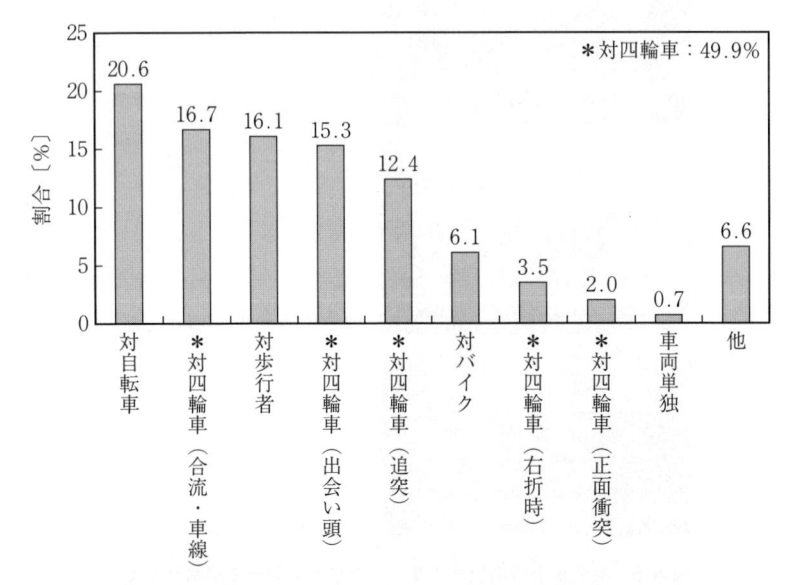

図 A.5 相手別の事故・ニアミス件数の割合（収集件数：6 253）

*対四輪車：49.9%

- 対自転車：20.6
- *対四輪車（合流・車線）：16.7
- 対歩行者：16.1
- *対四輪車（出会い頭）：15.3
- *対四輪車（追突）：12.4
- 対バイク：6.1
- *対四輪車（右折時）：3.5
- *対四輪車（正面衝突）：2.0
- 車両単独：0.7
- 他：6.6

集計したところ，対自転車（20.6%），対四輪車（合流・車線変更）（16.7%），対歩行者（16.1%），対四輪車（出会い頭）（15.3%），対四輪車（追突）（12.4%）の順で多く収集された（**図 A.5**）．

東京都内がおもな営業地域であるためと考えられるが，自転車や歩行者のデータが全体の40%近くを占めることが特徴的であった．また，合流・車線変更，出会い頭，追突，右折時，正面衝突の割合を対四輪車としてまとめると，全体の約半数（49.9%）となった．

〔2〕 **事故データの特徴**

事故データは全体で141件収集された．衝突した相手別の件数の多い順に集計すると，対自転車（27件），対四輪車（追突）（26件），対四輪車（出会い頭）（16件），対二輪車（15件），対歩行者（13件）となった．

相手別の事故データの特徴を把握するため，衝突した相手が映像に出現した

（a）出現（0.934 s 前）

（b）ブレーキ（0.500 s 前）

（c）衝突（0.000 s）

図 A.6 衝突相手の出現タイミングと自車ブレーキ開始タイミングの関係（飛び出した自転車との事故）

タイミングと自車がブレーキを操作するまでの所要時間の関係を分析した。

図 A.6 の事例は，自転車が飛び出して出会い頭に衝突した事例であるが，自転車の出現タイミングが衝突から 0.934 s 前，ブレーキ開始が 0.500 s 前であるので，ブレーキ開始までの所要時間は 0.434 s となる。このときのドライバは，非常に素早い反応をしたにもかかわらず，突然出現した自転車との衝突を回避することができなかった。

図 A.6 に示した分析を 141 例について実施し，事故件数の多かった 5 種類の分析結果を図 A.7 にまとめた。図中の右端が衝突した瞬間，下端が出現と同時にブレーキを操作したことを表す。図の右下の領域に多く分布した対自転車・四輪車（出会い頭）・対バイク・対歩行者（飛び出し）は，出現タイミングが急であり，かつ，ブレーキ操作開始までの時間も少ないという点が特徴である。対歩行者（横断歩道上を横断する場合）は，出現タイミングが衝突の 4 s から 6 s 前で，ブレーキ操作開始までの余裕も前出のものよりは大きい。しかし，対四輪車（追突）は明らかに異なる傾向を示しており，ほとんどの事例で衝突の 10 s 以上前から衝突相手が出現していることがわかった。

対自転車や対四輪車（出会い頭）のように衝突相手が突発的に出現する事故への対策は，「衝突する可能性のある相手をいかにして検出するか」が重要な

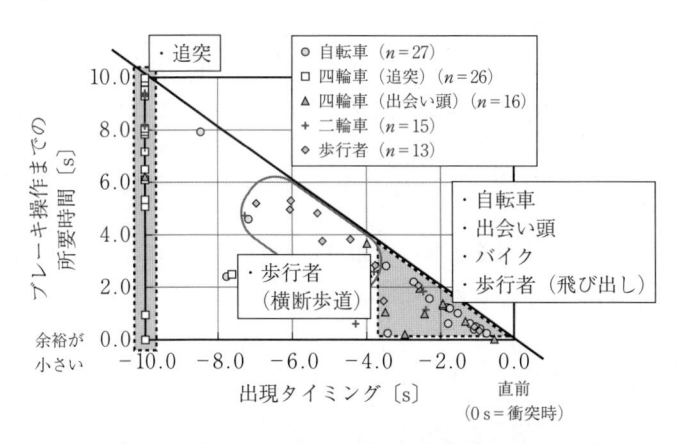

図 A.7 衝突相手別の出現タイミングと自車ブレーキ開始タイミングの関係（$n=141$）（n は事故件数）

課題となる．その一方で，対四輪車（追突）のように衝突相手が出現自体は危険が差し迫るよりも前である事故への対策は，「ドライバが先行車へ気付いているか，あるいは，先行車の動きを読み間違えていないかをいかにして検出するか」が重要な課題とある．以上，ドライブレコーダの事故データは，衝突相手や事故類型によって必要とされる対策の方向性が異なることを示している．とりわけ，追突事故を防止するための対策を検討するためには，先行車に追従している最中のドライバの状態を適切に評価できる方法が必要である．

A.2 KdB の定義の導出過程

本文の図 2.4 は，先行車の背面画像が，網膜上に投影されていることを示すイメージ図である．網膜上の面積を S とすると

$$S \propto \frac{1}{x_r^2} \tag{A.1}$$

が成立する．ドライバはこの面積の時間変化率に比例した量に基づいて，接近状態を検知していると仮定する．ここで，以下のとおり K を定義する．

$$K(x_r, v_r) := \frac{\mathrm{d}}{\mathrm{d}t}\frac{1}{x_r^2} = -2\frac{v_r}{x_r^3} \tag{A.2}$$

ここで，ドライバが 100 m 前方にいる（$x_r = -100$ m）先行車の $v_r = 0.025$ m/s（$= 0.09$ km/h）の接近を検出の限界だと仮定する．このときの K の値は

$$K_0 := K(-100, 0.025) = 5 \times 10^{-8} \ [1/\mathrm{m}^2 \cdot \mathrm{s}] \tag{A.3}$$

のとおり求められる．

ここで，ヒトの感覚量を表す Weber-Fechner の法則にのっとり，K の対数表現として，KdB を定義する．

$$\begin{aligned}
K_{dB} &:= 10 \times \log\frac{K}{K_0} = 10 \times \log\left(-\frac{v_r}{x_r^3} \times \frac{2}{5 \times 10^{-8}}\right) \\
&= 10 \times \log\left(-\frac{v_r}{x_r^3} \times 4 \times 10^7\right)
\end{aligned} \tag{A.4}$$

この定義によれば，$K=K_0$ のときに，$K_{dB}=0$ となる。

式 (2.3) は，$\left|-(v_r/x_r^3)\times 4\times 10^7\right|\geqq 1$ の場合にのみ計算可能であった。これは前述の検出限界以上の状態のみを取り扱うことに相当している。さらに先行車との距離が離れていく（離間）状態を含んだ，厳密な定義を以下に示す。

$$K_{dB}=\begin{cases} 10\times\log\left(\left|-\dfrac{v_r}{x_r^3}\times 4\times 10^7\right|\right)\mathrm{sgn}\left(-\dfrac{v_r}{x_r^3}\right) \\ \quad =10\times\log\left(\dfrac{1}{x_r^2 t_c}\times 4\times 10^7\right)\mathrm{sgn}(t_c) & \left|-\dfrac{v_r}{x_r^3}\times 4\times 10^7\right|\geqq 1 \\ 0 & \left|-\dfrac{v_r}{x_r^3}\times 4\times 10^7\right|<1 \end{cases} \quad (\mathrm{A}.5)$$

以上の定義により，接近では正値，離間では負値をとり，検出限界以下の刺激では接近，離間にかかわらず $K_{dB}=0$ となる。

A.3　衝突回避減速度（DCA）の計算式

現時点を時刻 0 として，このときの先行車の位置，速度，加速度を x_{p0}, v_{p0}, a_{p0}，自車の位置，速度，加速度を x_{f0}, v_{f0}, a_{f0}，両車の相対位置，相対速度，相対加速度を $x_{r0}=x_{f0}-x_{p0}$, $v_{r0}=v_{f0}-v_{p0}$, $a_{r0}=a_{f0}-a_{p0}$ とする。DCA を計算する際には，先行車は時刻 0 より加速度 a_{p0} の等加速度運動を，自車は，ドライバの反応時間 T〔s〕までの間は加速度 a_{f0} の等加速度運動をし，その後は加速度 a_{fT} の等加速度運動を行うと仮定する。

A.3.1　ドライバの反応時間

DCA の計算ではドライバの反応時間を考慮する。反応時間内に衝突が起こる場合は警報を提示しても衝突を回避できない。反応時間 T〔s〕以内に衝突しないための条件は以下で表される。

$$x_{r0}+v_{r0}T+\frac{1}{2}a_{r0}T^2<0 \tag{A.6}$$

ここで，DCA の計算に用いるドライバの反応時間 T は以下のように設定する。

$$T = \begin{cases} 1.2\text{ s} & (b_r = 0) \\ 0.2\text{ s} & (b_r > 0) \end{cases} \tag{A.7}$$

ただし，b_r はブレーキペダル開度（0 ～ 1）を示す。ブレーキを踏んでいない状態，すなわち $b_r = 0$ における反応時間については，先行研究[A1]において FVCWS の警報に反応してドライバがアクセルペダルからブレーキペダルに踏み替えるのに要する反応時間について調べており，その90%タイル値が $T = 1.21$ s であったことに基づいている。また，ドライバがすでにブレーキペダルを踏んでいる場合には反応時間が短くなることを考慮して $T = 0.2$ s としている。

A.3.2 顕在的衝突回避減速度（ODCA）の計算式

ODCA とは，先行車が現在の加減速度を維持した場合に，自車が先行車との衝突を回避するために必要な減速度であり，記号 a_o で表す。

$$a_o = \begin{cases} 0 & \left(a_{p0} \geq 0, v_{p0} + a_{p0}T \geq v_{f0} + a_{f0}T \text{ or } a_{p0} < 0, -\dfrac{v_{p0}}{a_{p0}} < t_1, v_{f0} + a_{f0}T \leq 0 \right) \\ -a_{f1} & \left(a_{p0} \geq 0, v_{p0} + a_{p0}T < v_{f0} + a_{f0}T \text{ or } a_{p0} < 0, T < t_1 < -\dfrac{v_{p0}}{a_{p0}} \right) \\ -a_{f2} & \left(a_{p0} < 0, -\dfrac{v_{p0}}{a_{p0}} < t_1, v_{f0} + a_{f0}T > 0 \right) \end{cases} \tag{A.8}$$

ただし，上式において，a_{f1}, a_{f2}, t_1 は次式である。

$$a_{f1} = \frac{v_{r0}^2 + 2a_{p0}x_{r0} + (2v_{r0} + a_{r0}T)a_{f0}T}{2x_{r0} + 2v_{r0}T + a_{r0}T^2} \tag{A.9}$$

$$a_{f2} = \frac{(v_{f0} + a_{f0}T)^2}{2x_{r0} + 2v_{r0}T + a_{f0}T^2 + \dfrac{v_{p0}^2}{a_{p0}}} \tag{A.10}$$

$$t_1 = -\frac{2x_{r0} + v_{r0}T}{a_{r0}T + v_{r0}} \leq -\frac{v_{p0}}{a_{p0}} \tag{A.11}$$

A.3.3 潜在的衝突回避減速度（PDCA）の計算式

PDCAとは，先行車が急減速した場合に，自車が先行車との衝突を回避するために必要な減速度であり，記号 α_p で表す．本研究では先行車の急減速を $a_{p0} = -5.88\,\mathrm{m/s^2}$ と仮定して計算する．

ⅰ）先行車が動いている場合：この場合におけるPDCAの値は次式となる．

$$\alpha_p = \begin{cases} 0 & \left(v_{p0}>0,\ \dfrac{v_{p0}}{5.88}<t'_1,\ v_{f0}+a_{f0}T\leqq 0\right) \\ -a'_{f1} & \left(v_{p0}>0,\ T<t'_1\leqq \dfrac{v_{p0}}{5.88}\right) \\ -a'_{f2} & \left(v_{p0}>0,\ \dfrac{v_{p0}}{5.88}<t'_1,\ v_{f0}+a_{f0}T>0\right) \end{cases} \quad (\text{A.12})$$

ただし，a'_{f1}, a'_{f2}, t'_1 は式（A.9）～（A.11）の a_{f1}, a_{f2}, t_1 における先行車加速度 a_{p0} に $-5.88\,\mathrm{m/s^2}$ を代入した式を表す．

ⅱ）先行車が停止している場合：この場合におけるPDCAの値は次式となる．

$$\alpha_p = \begin{cases} 0 & \left(v_{p0}=0,\ a_{f0}=0,\ v_{f0}+a_{f0}T\leqq 0\right) \\ -a''_{f1} & \left(v_{p0}=0,\ a_{p0}=0,\ v_{f0}+a_{f0}T>0\right) \end{cases} \quad (\text{A.13})$$

ただし，a''_{f1} は式（A.9）の a_{f1} における先行車速度 v_{p0} に $0\,\mathrm{m/s}$，先行車加速度 a_{p0} に $0\,\mathrm{m/s^2}$ を代入した式を表す．

なお，ODCA，PDCAともに，式の導出過程については既報[A2]で詳細に記述しており，そちらを参照されたい．

A.4 前方障害物衝突軽減制動装置の技術指針（文献A3）から転載）

1．適用範囲

本技術指針は，自動車製作者により普通自動車，小型自動車及び軽自動車（小型自動車及び軽自動車に含まれる二輪自動車及び立席を有するバスを除く．）に備えられた前方障害物衝突軽減制動装置に係る機能に適用する．ただし，警

報を目的とした制動の制御については，本技術指針の制動制御の規定は適用しない。

2．本装置の機能

本装置は，前方障害物との衝突による被害の軽減を目的とし，前方障害物に衝突するおそれがある場合には運転者に警報あるいは報知し，衝突の可能性が高いと判断した場合又は衝突すると判断した場合には制動装置を制御する機能を有するものをいう。

3．定義
（1）用語
① 普通自動車，小型自動車及び軽自動車

道路運送車両法による「普通自動車」，「小型自動車」及び「軽自動車」をいう。

② 前方障害物

自車両の進路前方にあって自車両と衝突する可能性のある物体をいう。

③ 相対速度

前方障害物と自車両との相対的な速度をいう。

④ 衝突予測時間

相対速度が変わらないと仮定した場合における自車両と前方障害物が衝突するまでに要する時間をいう。ある瞬間における自車両と前方障害物との距離を相対速度で除することにより求める。

⑤ 制動回避限界

制動による前方障害物との衝突回避に必要な物理的回避限界として求められる衝突予測時間をいう。

⑥ 操舵回避限界

操舵による前方障害物との衝突回避に必要な物理的回避限界として求められる衝突予測時間をいう。

⑦ 衝突判断ライン

制動及び操舵により衝突回避可能な物理的限界を衝突判断ラインという。

⑧ 衝突回避幅

自車両が前方障害物との衝突回避に必要な横移動量をいう。

⑨ オーバーラップ率

自車両の幅に対する自車両と前方障害物の横方向の重なりの割合。自車両の幅にオーバーラップ率を乗ずることにより衝突回避幅となる。

⑩ 通常制動回避下限

通常の運転において，前方障害物との衝突回避のために制動回避を始めるタイミングを衝突予測時間で表した場合の分布下限をいう。

⑪ 通常操舵回避下限

通常の運転において，前方障害物との衝突回避のために操舵回避を始めるタイミングを衝突予測時間で表した場合の分布下限をいう。

⑫ 衝突可能性判断ライン

通常の制動及び操舵により衝突回避を行う下限を衝突可能性判断ラインという。

（2）衝突判断の考え方

① 衝突判断ラインの設定

1）衝突判断ラインは，相対速度が同一の場合における制動回避限界と操舵回避限界のうち，衝突予測時間の小さい値を結んだラインとして求める。

2）衝突判断ラインを求める場合，標準的な試験条件を以下の状態とする。

ⅰ）自車両の状態

自車両の状態についてはブレーキ試験法（道路運送車両の保安基準の細目を定める告示（平成14年国土交通省告示第619号）における制動装置の技術基準）に準拠する。ただし，積載条件については，ブレーキ試験法の非積載状態とする。

ⅱ）道路の状態

路面状態及び道路勾配については，平坦かつ適切な摩擦係数を有する状態と

する。

ⅲ）自車両と前方障害物の相対的状態

オーバーラップ率は，40％とする。

ⅳ）前方障害物の運動状態

測定された前方障害物の速度は次の測定まで変化しないものとする。

② 衝突判断

衝突予測時間が衝突判断ラインを下回る領域において衝突すると判断する。

③ 制動回避限界の設定

1）制動回避限界は，自車両の最短制動距離から減速度を算出し，この減速度を自車両が出しうる最大減速度として，相対速度ごとに求めた衝突予測時間とする。ただし，積載状態の方が非積載状態に比べ最短制動距離が短い場合にあっては，積載状態における最短制動距離を自車両の最短制動距離とする。

2）前項と同じ意味であるなら，他の方法で求めてもよい。

④ 操舵回避限界の設定

1）標準的な試験条件において規定したオーバーラップ率から衝突回避幅を求め，この衝突回避幅を横移動するのに必要な最小時間を衝突予測時間とする。操舵回避限界は，これらにより求められた衝突予測時間とする。なお，下記のとおり操舵回避限界を設定しても良い。

ⅰ）専ら乗用の用に供する乗車定員10人未満の普通自動車にあっては，0.6秒

ⅱ）小型自動車及び軽自動車（次号ⅲに掲げる自動車を除く。）にあっては，0.6秒

ⅲ）専ら乗用の用に供する乗車定員10人以上の自動車，貨物の運送の用に供する車両総重量8トン以上の自動車及び最大積載量5トン以上の自動車にあっては，0.8秒

2）前項までと同じ意味であるなら，他の方法で求めても良い。

⑤ 衝突判断ラインの補正

1）実際の状況が標準的な試験条件と異なることを装置が検出できる場合，認

識した条件に合わせて衝突判断ラインを補正してもよい。
2）衝突判断ラインの補正を行う場合であっても，物理的な回避限界を衝突判断の判断基準とする。
3）衝突判断ラインを補正できる場合の例として以下が挙げられる。
ⅰ）路面状態
　湿潤路面または凍結路面等の路面状態が検出できる場合，検出した路面状態に応じて衝突判断ラインを補正しても良い。
ⅱ）衝突回避幅
　衝突回避幅が検出できる場合，検出した衝突回避幅に応じて衝突判断ラインを補正してもよい。
ⅲ）積載量
　乗車人数及び貨物積載量が検出できる場合，検出した乗車人数及び積載量に応じて衝突判断ラインを補正してもよい。
ⅳ）前方障害物の運動状態
　前方障害物の運動状態を検出できる場合，検出した運動状態に基づき予測を行い，衝突判断ラインを補正してもよい。
ⅴ）道路縦断勾配
　走行している道路の縦断勾配を検出できる場合，検出した縦断勾配に応じて衝突判断ラインを補正してもよい。
（3）衝突可能性判断の考え方
① 衝突可能性判断ラインの設定
　衝突可能性判断ラインは，相対速度が同一の場合における通常制動回避下限と通常操舵回避下限のうち，衝突予測時間の小さい値を結んだラインとして求める。
② 衝突可能性判断
　衝突予測時間が衝突可能性判断ラインを下回る領域において衝突する可能性が高いと判断する。
③ 通常制動回避下限の設定

以下の式により求められる衝突予測時間を通常制動回避下限として設定する。

1）専ら乗用の用に供する乗車定員10人未満の自動車にあっては，

$T = 0.0167 \cdot Vr + 1.00$

ここで，Tは衝突予測時間（秒），Vrは相対速度（km/h）とする。

2）専ら乗用の用に供する乗車定員10人以上の自動車，貨物の運送の用に供する車両総重量8トン以上の自動車及び最大積載量5トン以上の自動車にあっては，

$T = 0.0317 \cdot Vr + 1.54$

ここで，Tは衝突予測時間（秒），Vrは相対速度（km/h）とする。

④ 通常操舵回避下限の設定

自動車製作者が0～100%の間で任意に設定するオーバーラップ率に応じて以下のとおり通常操舵回避下限を設定する。

1）専ら乗用の用に供する乗車定員10人未満の自動車にあっては，

$T = 0.0067 \cdot R + 1.13$

ここで，Tは衝突予測時間（秒），Rはオーバーラップ率（%）とする。（R：0～100%）

2）専ら乗用の用に供する乗車定員10人以上の自動車，貨物の運送の用に供する車両総重量8トン以上の自動車及び最大積載量5トン以上の自動車にあっては，

$T = 0.0142 \cdot R + 1.62$

ここで，Tは衝突予測時間（秒），Rはオーバーラップ率（%）とする。（R：0～100%）

4．装置を適用する際の限定条件

ABS等の車両安定化システムを装着していること。

5．機能・性能要件

A.4 前方障害物衝突軽減制動装置の技術指針

（1）作動開始

① 報知機能の作動開始

1）少なくとも，衝突判断の考え方に基づいて制動制御をするタイミングに「報知に対する反応時間（0.8秒）」を加えたタイミングを下回った場合に報知を開始するものとする。

2）衝突予測時間が衝突判断ラインを下回るような状況が突然発生した場合，報知機能の作動開始が制動制御機能の作動開始と同時であっても良い。また，あらかじめ警報が作動していれば警報機能をもって，報知機能に替えることができる。

② 警報機能の作動開始

1）少なくとも，衝突可能性判断の考え方に基づいて制動制御をするタイミングに「警報に対する反応時間（0.8秒）」を加えたタイミングを下回った場合に警報を開始するものとする。

2）衝突予測時間が衝突可能性判断ラインを下回るような状況が突然発生した場合，警報機能の作動開始が制動制御機能の作動開始と同時であっても良い。

③ 衝突判断に基づく制動制御機能の作動開始

　　前方障害物を検知し，衝突予測時間が衝突判断ラインを下回った場合，減速を目的とした制動制御機能の作動を開始する。

④ 衝突可能性判断に基づく制動制御機能の作動開始

　　前方障害物を検知し，衝突予測時間が衝突可能性判断ラインを下回った場合，減速を目的とした制動制御機能の作動を開始させてもよい。

⑤ 作動開始する速度範囲及び相対速度範囲の条件

　　原則として，自車両の速度が15 km/h 以上，道路交通法（昭和35年法律第105号）で高速道路における最高速度として定められた最高速度以下，かつ，自車両と前方障害物の相対速度が15 km/h 以上において作動開始条件を満たした場合，装置の作動を開始できる性能を有することとする。

（2）作動方法

① 運転者への警報及び報知は，運転者のなすべき対応が認識できる方法で行

うものとする。
② システムが減速を目的とした制動制御を行う場合には，制動制御機能の作動を開始した直後には，3．（2）① 2）ⅰ）及びⅱ）の状態において下記の減速度以上の減速度に相当する制御を行う。
1）専ら乗用の用に供する乗車定員10人未満の自動車にあっては，$6.0\,\mathrm{m/s^2}$
2）専ら乗用の用に供する乗車定員10人以上の自動車及び貨物の運送の用に供する自動車にあっては，$4.0\,\mathrm{m/s^2}$
③ システムが減速を目的とした制動制御を行う場合には速やかに減速度を大きくする制御を行う。
④ 制動制御機能の作動開始後，制御量をさらに増加させる機能を備えることが望ましい。
⑤ 警報を目的とした制動の制御を行う場合には，運転者への警報を主たる目的とした制御とするとともに下記の減速度未満となるような制御を行う。
1）専ら乗用の用に供する乗車定員10人未満の自動車にあっては，$6.0\,\mathrm{m/s^2}$
2）専ら乗用の用に供する乗車定員10人以上の自動車及び貨物の運送の用に供する自動車にあっては，$4.0\,\mathrm{m/s^2}$
（3）外部への情報伝達
　　主制動装置を制御する場合には，制動灯を点灯させる。
（4）運転者による選択機能及び調節機能
① 運転者が本装置全体の機能をオン／オフできる主スイッチを付加することができる。
② 警報及び報知機能については，そのタイミングを運転者が調節可能な機能を付加することができる。
（5）運転者の本装置に対する状況認識のための配慮
① 以下の状況を運転者が認識できるようにする。
1）本装置の主スイッチのオン／オフ
2）本装置の故障
3）本装置が機能する範囲外（速度，相対速度を除く）。ただし，装置が機能

する範囲外であることを認識できた場合に限る。

6．失陥防護（フェイルセーフ）機能
（1）装置は，当該装置の作動状況を監視する機能を有し，この機能により故障検知を行うものであること。
（2）装置に故障が発生した場合には，当該装置の作動が安全に停止し，本来の制動装置の機能を有するものであること。
（3）装置の主要な機能を担う機構は，二重系統が望ましい。

7．特記事項
（1）使用者への周知
　以下について，取扱説明書，コーションラベル等により使用者に対し適切に周知されること。特に④については，使用者が確実に熟知するよう配慮すること。
① 装置の作動開始の条件と作動しない場合について
② 装置の発する音，表示及びその意味
③ 装置の効果
④ 装置の機能限界
⑤ その他使用上の注意

A.5　熟練ドライバの減速パターンの特徴付けの式展開

　勾配一定相においては，K_{dB} の x_r による微分値が一定である。接近時に限定した K_{dB} の定義式（付録の式（A.4））を x_r で微分することにより，次式を得る。

$$\frac{\mathrm{d}K_{dB}(t)}{\mathrm{d}x_r(t)} = \frac{10}{\ln 10}\left(\frac{a_r(t)}{v_r^2(t)} - \frac{3}{x_r(t)}\right) \tag{A.14}$$

ブレーキ開始時刻を t_{bi} と置くと，勾配一定は

$$\frac{\mathrm{d}K_{dB}(t)}{\mathrm{d}x_r(t)} = \frac{\mathrm{d}K_{dB}(t_{bi})}{\mathrm{d}x_r(t_{bi})} \tag{A.15}$$

で表される。

式 (A.14) を式 (A.15) に代入し，これを $a_r(t)$ について解くと，相対加速度 $a_r(t)$ のプロファイル式 (A.16) を得る。

$$a_r(t) = \left(\frac{3}{x_r(t)} - \frac{3}{x_r(t_{bi})} + \frac{a_r(t_{bi})}{v_r^2(t_{bi})} \right) v_r^2(t) \tag{A.16}$$

時刻 t_{bi} において一定速度で走行している先行車に一定速度で接近する状況に限定すると，$a(t_{bi}) = 0$ であるから，これを式 (A.16) に代入することにより，本文の式 (5.1) を得る。

$$a_r(t) = \left(\frac{3}{x_r(t)} - \frac{3}{x_r(t_{bi})} \right) v_r^2(t) \tag{5.1}$$

Phase I では，時刻 t における KdB は以下を満たす。

$$K_{dB}(t) = \frac{\mathrm{d}}{\mathrm{d}x_r} K_{dB}(t_{bi}) \left(x_r(t) - x_r(t_{bi}) \right) + K_{dB}(t_{bi}) \tag{A.17}$$

$a_r(t_{bi}) = 0$ の条件下で式 (A.17) の両辺に付録の式 (A.4) を代入し，これを $v_r(t)$ について解くと，本文の式 (5.2) を得る。

$$\begin{aligned} v_r(t) &= v_r(t_{bi}) \frac{x_r^3(t)}{x_r^3(t_{bi})} \exp\left\{ \frac{3}{x_r(t_{bi})} \left(-x_r(t) + x_r(t_{bi}) \right) \right\} \\ &= v_r(t_{bi}) \xi^3(t) \exp\left\{ 3(1 - \xi(t)) \right\} \end{aligned} \tag{5.2}$$

ここに，$\xi = x_r(t) / x_r(t_{bi})$ である。

引用・参考文献

A1) 田中雅樹, 平岡敏洋, 武内秀平, 熊本博光, 泉　達也, 畑中健一：衝突回避減速度に基づく前方障害物衝突防止支援システム, 自動車技術会論文集, Vol. 40, No. 2, pp. 553-559 (2009)

A2) 平岡敏洋, 高田翔太：衝突回避減速度による衝突リスクの評価, 計測自動制御学会論文誌, Vol. 47, No. 11, pp. 534-540 (2011)

A3) 国土交通省：自動車技術指針について（平成11年4月15日付自技第83号）別紙5　前方障害物衝突軽減制動装置

索　引

【あ】
アクセルペダル　40
アダプティブ
　オートメーション　65
アダプティブ
　クルーズコントロール　52
安全運転　56
安全運転評価システム　146
安全マージン　42

【い】
依存　80
位置　25

【う】
ウィーン道路交通条約　56
ウィンドシールド
　ディスプレイ　114
運転行動　12
運転支援　53
運転支援システム　53
運転負荷軽減　67

【え】
エコドライブ　146

【お】
追込みブレーキ　127
オートメーション
　サプライズ　74
オーバライド　80

【か】
介入　64
回避　14
覚醒度　61

【か】
加減速操作　11
過小評価　36
過信　80
加速　12
感覚量　31
監視　80
干渉　126

【き】
危険性　25
技術中心の自動化　55
機能限界警報　95
客観的　42
急減速　14
緊急時　85

【く】
空走距離　36
クルーズコントロール　71

【け】
警報　67
警報距離　37
警報タイミング　100
欠報　96
顕在的衝突回避減速度　39
顕在的な　39
減速　12
減速開始タイミング　30

【こ】
行為実行　65
行為選択　65
交通事故総合分析センター　8
国際道路交通事故
　データベース　8
個人適合型　102

【か】
誤報　93

【さ】
最悪
　――のケース　93
　――の事態　38
最終決定権　60
作動限界　82
作動条件　82

【し】
支援　23
視角　29
視覚探索課題　143
自車　10
自動運転　52, 55
　――のレベル　60
自動化　52
　――の皮肉　54
自動化レベル　60
車間距離　10
車間時間　32, 34
車車間通信　66
車線維持支援システム　72
車線変更　68
車速比　43
車頭時間　34
主観的　32
熟練ドライバ　126
状況適応的自動化　65
状況認識　73
状況理解　65
衝突　9
衝突安全　2
衝突回避　67
衝突回避減速度　39
衝突被害軽減　67

衝突被害軽減ブレーキ		64
衝突余裕時間		29
衝突余裕度		38
信　頼		80
信頼度		81

【す】

ステアリング操作		76

【せ】

制　御		
——の権限の委譲		156
——の権限の共有		156
制動距離		36
接　近		11
先行車		10
潜在的衝突回避減速度		40
潜在的な		39
戦術レベル		68
先進安全自動車		58
先々行車		151
全速度域		71
前方車両衝突警報システム		37
戦略レベル		68

【そ】

操作レベル		68
相対位置		26
相対加速度		26
相対速度		10
想定加速度		37
速　度		25
速度抑制装置		79
ソフトプロテクション		78

【た】

対向車		78
対向車線		78
タイトレイン		157
タスク		53

【ち】

知　覚		41, 65

注意喚起		66

【つ】

追従行動		11
追突事故		9
通常時		12

【て】

出会い頭事故		9
停　止		12
停止距離		36
停止時間		43
ディストラクション		83
低速追従機能		60
適応的行動変容		83
適切な依存		80

【と】

道路交通法		56
ドライブレコーダ		14

【な】

ナイトビジョン		146

【に】

ニアミス		14
人間中心の自動化		54
認　知		66

【は】

ハードプロテクション		78
反応時間		27

【ひ】

非個人適合型		104
ヒューマンマシンシステム		53
評価指標		23

【ふ】

不確実性		141
不器用な		54
不信感		93
部分的自動化		52

ブレーキペダル		40
プロテクション機能		78

【へ】

ペダル反力フィードバック		79
ヘッドアップディスプレイ		114

【ほ】

防止		3
歩行者		76

【む】

無次元量		38

【め】

メンタルモデル		82

【も】

モード誤認識		70

【や】

夜間時視覚支援システム		146

【よ】

予　測		10
予測運転評価指標		152
予備警報		67
予防安全		9

【り】

離　間		11
力　覚		79
リスク補償		80

【る】

ルーズレイン		157

【ろ】

路車間通信		66

【わ】

ワークロード		70
煩わしい警報		96

索引

【A】
ACC	52
ADB	66
AEB system	64, 122
AEB システム	122
ASV	58

【C】
CAN	92
CC	71

【D】
DCA	27, 38, 39
DCA-FVCWS	108

【E】
EDR	14

【F】
FSRA	71

【H】
haptic shared control	156
HUD	114, 118

【I】
IRTAD	8
ISA	79
ITARDA	8
iTHW	33
iTTC	28, 29

【K】
KdB	28, 30
KdBc	28, 33

【L】
LKAS	72
LSF	61

【M】
MTC	28, 38

【N】
NVES	146

【O】
ODCA	39
overt DCA	39

【P】
PDCA	40
potential DCA	40
PRE3	152

【R】
RP	28, 32

【S】
SD	27, 36
SDA	37, 89
SDES	146
S-R 適合性	109

【T】
THW	27, 32
TTC	27, 29
TTC_{2nd}	28, 35
TTS	43

【W】
WSD	114

【ギリシャ文字】
$\dot{\tau}$	28, 35

―― 編著者略歴 ――

伊藤　誠（いとう　まこと）
- 1993 年　筑波大学第三学群情報学類卒業
- 1996 年　筑波大学大学院博士課程工学研究科退学
- 1996 年　筑波大学助手
- 1998 年　電気通信大学助手
- 1999 年　博士（工学）（筑波大学）
- 2002 年　筑波大学講師
- 2008 年　筑波大学准教授
- 2013 年　筑波大学教授
  現在に至る

丸茂　喜高（まるも　よしたか）
- 1998 年　東京農工大学工学部機械システム工学科卒業
- 2000 年　東京農工大学大学院工学研究科博士前期課程修了（機械システム工学専攻）
- 2000 年　財団法人日本自動車研究所勤務
- 2005 年　日本大学助手
- 2006 年　東京農工大学大学院工学府博士後期課程修了（機械システム工学専攻）
  博士（工学）
- 2007 年　日本大学専任講師
- 2012 年　日本大学准教授
  現在に至る

―― 著者略歴 ――

平岡　敏洋（ひらおか　としひろ）
- 1994 年　京都大学工学部精密工学科卒業
- 1996 年　京都大学大学院工学研究科博士前期課程修了（精密工学専攻）
- 1996 年　松下電器産業株式会社勤務
- 1998 年　京都大学助手
- 2005 年　博士（情報学）（京都大学）
- 2007 年　京都大学助教
  現在に至る

和田　隆広（わだ　たかひろ）
- 1994 年　立命館大学理工学部機械工学科卒業
- 1996 年　立命館大学大学院理工学研究科修士課程修了（情報システム学専攻）
- 1999 年　立命館大学大学院博士課程後期課程修了（総合理工学専攻）
  博士（工学）
- 1999 年　立命館大学助手
- 2000 年　香川大学助手
- 2003 年　香川大学助教授
- 2007 年　香川大学准教授
- 2012 年　立命館大学教授
  現在に至る

安部　原也（あべ　げんや）
- 1997 年　三重大学工学部機械工学科卒業
- 1999 年　電気通信大学大学院情報システム学研究科博士前期課程修了（情報システム運用学専攻）
- 1999 年　財団法人日本自動車研究所勤務
- 2005 年　Loughborough University（英国）博士課程修了（Department of Human Sciences）
  Ph.D.
  現在に至る

北島　創（きたじま　そう）
- 2002 年　神奈川大学工学部経営工学科卒業
- 2005 年　武蔵工業大学大学院工学研究科博士前期課程修了（経営工学専攻）
- 2005 年　財団法人日本自動車研究所勤務
- 2012 年　筑波大学大学院システム情報工学研究科博士後期課程修了（リスク工学専攻）
  博士（工学）
  現在に至る

交通事故低減のための自動車の追突防止支援技術
Technologies to Prevent Rear-End Collisions
——For Reduction of Road Traffic Crashes——
　　　　　　　　　　ⓒ Itoh, Marumo, Hiraoka, Wada, Abe, Kitajima 2015

2015年6月25日　初版第1刷発行　　　　　　　　　　★

編著者	伊　藤	誠
	丸　茂	喜　高
著　者	平　岡	敏　洋
	和　田	隆　広
	安　部	原　也
	北　島	創
発行者	株式会社　コロナ社	
	代表者　　牛来真也	
印刷所	新日本印刷株式会社	

検印省略

112-0011　東京都文京区千石4-46-10
発行所　株式会社　コロナ社
CORONA PUBLISHING CO., LTD.
Tokyo Japan
振替00140-8-14844・電話(03)3941-3131(代)
ホームページ http://www.coronasha.co.jp

ISBN 978-4-339-04642-7　　（横尾）　　（製本：愛千製本所）
Printed in Japan

本書のコピー，スキャン，デジタル化等の無断複製・転載は著作権法上での例外を除き禁じられております。購入者以外の第三者による本書の電子データ化及び電子書籍化は，いかなる場合も認めておりません。

落丁・乱丁本はお取替えいたします

計測・制御テクノロジーシリーズ

(各巻A5判)

■計測自動制御学会 編

配本順		書名	著者	頁	本体
1.	(9回)	計測技術の基礎	山崎 弘郎／山田 中充 共著	254	3600円
2.	(8回)	センシングのための情報と数理	出本 口多 光一郎／敏 共著	172	2400円
3.	(11回)	センサの基本と実用回路	中沢 信明／松井 利一／山田 功 共著	192	2800円
5.	(5回)	産業応用計測技術	黒森 健一 他著	216	2900円
7.	(13回)	フィードバック制御	荒木 光彦／細江 繁幸 共著	200	2800円
8.	(1回)	線形ロバスト制御	劉 康志 著	228	3000円
11.	(4回)	プロセス制御	高津 春雄 編著	232	3200円
13.	(6回)	ビークル	金井 喜美雄 他著	230	3200円
15.	(7回)	信号処理入門	小畑 秀文／浜田 望／田村 安孝 共著	250	3400円
16.	(12回)	知識基盤社会のための人工知能入門	國藤 進／中田 豊久／羽山 徹彩 共著	238	3000円
17.	(2回)	システム工学	中森 義輝 著	238	3200円
19.	(3回)	システム制御のための数学	田村 捷利／武藤 康彦／笹川 徹史 共著	220	3000円
20.	(10回)	情報数学 ―組合せと整数およびアルゴリズム解析の数学―	浅野 孝夫 著	252	3300円
21.	(14回)	生体システム工学の基礎	福岡 豊／内山 孝憲／野村 泰伸 共著	252	3200円

■以下続刊

システム同定	和田・大松／奥・田中 共著	アドバンスト制御	大森 浩充／日高 浩一 共著
ロボット制御理論	大須賀 公一 著	多変量統計的プロセス管理	加納 学 著
計測のための統計	椿 広計／寺本 顕武 共著	システム制御における量子アルゴリズム	伊丹 乾／松井 金 共著

定価は本体価格+税です。
定価は変更されることがありますのでご了承下さい。

図書目録進呈◆

システム制御工学シリーズ

（各巻A5判，欠番は品切です）

■編集委員長　池田雅夫
■編　集　委　員　足立修一・梶原宏之・杉江俊治・藤田政之

配本順		著者	頁	本体
1. (2回)	システム制御へのアプローチ	大須賀　公二 共著 足立　修一	190	2400円
2. (1回)	信号とダイナミカルシステム	足立　修一　著	216	2800円
3. (3回)	フィードバック制御入門	杉江　俊治 共著 藤田　政之	236	3000円
4. (6回)	線形システム制御入門	梶原　宏之　著	200	2500円
5. (4回)	ディジタル制御入門	萩原　朋道　著	232	3000円
6. (17回)	システム制御工学演習	杉江　俊治 共著 梶原　宏之	272	3400円
7. (7回)	システム制御のための数学（1） ―線形代数編―	太田　快人　著	266	3200円
9. (12回)	多変数システム制御	池田　雅夫 共著 藤崎　泰正	188	2400円
12. (8回)	システム制御のための安定論	井村　順一　著	250	3200円
13. (5回)	スペースクラフトの制御	木田　隆　著	192	2400円
14. (9回)	プロセス制御システム	大嶋　正裕　著	206	2600円
16. (11回)	むだ時間・分布定数系の制御	阿部　直人 共著 児島　晃	204	2600円
17. (13回)	システム動力学と振動制御	野波　健蔵　著	208	2800円
18. (14回)	非線形最適制御入門	大塚　敏之　著	232	3000円
19. (15回)	線形システム解析	汐月　哲夫　著	240	3000円
20. (16回)	ハイブリッドシステムの制御	井村　順一 共著 東　俊一 増淵　泉	238	3000円
21. (18回)	システム制御のための最適化理論	延瀬　山部　英　沢 共著 　　　　　　　昇		近刊

以下続刊

8.	システム制御のための数学（2） 　関数解析編	太田　快人 著	
11.	実践ロバスト制御系設計入門	平田　光男 著	
	適　応　制　御	宮里　義彦 著	
		東・永原 編著	
	マルチエージェントシステムの制御	石井・桜間 畑中・林 共著	
10.	ロバスト制御理論	浅井　徹 著	
	行列不等式アプローチによる制御系設計	小原　敦美 著	
	ネットワーク化制御システム	石井　秀明 著	

定価は本体価格＋税です。
定価は変更されることがありますのでご了承下さい。

図書目録進呈◆